프라임 화장품학

Prime Cosmetic Science

저자 소개

박소정 Park So Jeong

현 신한대학교 디자인예술대학 K-뷰티학과 교수
신한대학교 폴리마테스대학원 뷰티패션콘텐츠학과 주임교수
신한대학교 경기북부개발연구원 뷰티향장융합연구소 소장
화장품컬러전문가협회 부회장
대한미용학회 상임이사
사) 한국일러스트레이션학회 이사

조춘희 Jo Chun Hee

현 오산대학교 뷰티코스메틱계열 교수
한국뷰티교류협회 부회장

전 한국향장소재개발연구소 소장

프라임 화장품학

Prime Cosmetic Science

초판인쇄 | 2024년 12월 05일
초판발행 | 2024년 12월 15일

저자 | 박소정 조춘희
발행인 | 조규백
발행처 | 도서출판 구민사 (07293) 서울특별시 영등포구 문래북로 116, 604호(문래동3가, 트리플렉스)

전화 | (02) 701-7421
팩스 | (02) 3273-9642
홈페이지 | www.kuhminsa.co.kr

신고번호 | 제2012-000055호(1980년 2월 4일)
ISBN | 979-11-6875-473-7(93590)

정가 | 25,000원

PRIME COSMETIC SCIENCE

프라임 화장품학

구민사

머리말

인간의 아름다움에 대한 추구는 본능적이라고 할 정도로 사람들은 좋은 물질을 발라 피부를 가꾸거나 컬러를 칠하여 용모를 미화시키거나 변화시킨다. 인류는 원시시대부터 화장이라는 도구와 기술을 사용해 왔다. 얼굴과 신체를 조화롭고 아름답게 가꾸는 화장이라는 행위는 우주의 순리와 질서를 따르는 뜻을 내포하고 있다. 고대 시대부터는 더욱 얼굴과 신체를 보호하고 아름답게 가꾸는 화장품에 대한 관심을 가졌으며, 계속 새로운 성분과 제품을 개발하는 것에 몰두하였다.

과거에는 햇빛 및 추위 등 자연으로부터 신체를 보호하고 종교의식을 목적으로 연기를 쐬고, 신체에 색을 칠하는 행위를 하였으며, 점차 신체를 청결하게 유지하고 아름다워지고자 하는 욕구와 자기 미화, 매력 표현 수단, 자외선 차단 및 피부와 모발을 보호하기 위한 목적을 더하였다. 문명이 발전할수록 화장품에 대한 종류와 범위가 확장되었으며, 현대의 눈부신 과학기술의 발전으로 화장품 산업은 광범위하게 확산되고 세분화되어 활성화되고 있다.

최근 들어 세계적인 K-뷰티의 열풍의 중심은 국내 화장품 산업으로써 나날이 급성장하고 있으며, 외국인들에게 각광받는 제품들이 늘어나고 있는 추세이다. 뷰티 계열의 학생들과 종사자들은 대부분 분야별 화장품을 사용하는 테크닉과 업무를 수행하는 경우가 대부분이다.

본 교재는 광범위한 화장품에 관한 내용 중에서 뷰티 계열 학생들과 종사자들이 반드시 알아두어야 할 내용들을 가능한 쉽게 학습할 수 있도록 유용한 정보를 중심으로 정리하였다. 간결하고 보다 쉽게 전달하려고 노력했으나 부족한 부분이 있으리라 생각하며, 이 작은 책자가 화장품에 관련하여 작은 도움이 되기를 바란다.

끝으로 이 책이 출간되기까지 도움을 주신 여러분들에게 감사드리며, 출판을 맡아주신 도서출판 구민사 조규백 대표님과 직원들에게 감사를 드린다.

저자 일동

차례

PART 3 기초 화장품

PART 4 색조 화장품

PART 5 기능성 화장품

PART 6 모발 화장품

PART 7 향수

PART 8 맞춤형 화장품

PART 9 화장품과 알레르기

PART 1

화장품의 기초

1. 화장품의 정의

1) 화장품의 정의

화장품(化粧品)은 영어로 'cosmetic'으로 희랍어 'kosmeticos'가 어원이다. 'kosmeticos'는 '잘 정리하고 감싼다'라는 의미이다. 'kosmeticos'는 희랍어인 'kosmos'에서 유래되었으며, 'kosmos'는 '우주의 명령(the order of universe)'이라는 뜻이다. 'kosmeticos'는 '우주의 명령을 받아서 아름다운 것을 더욱 아름답게 가꾸어 보기 좋게 하는 기술'이라는 의미가 담겨져 있다.

우리나라에서는 1953년 제정된 약사법 내의 화장품 관련 법규에 따라 화장품을 다루고 있었으나, 2000년 7월에 화장품과 관련된 법류를 분리하여 새롭게 화장품법을 제정하였다.

과거 약사법에서 화장품의 정의는 "인체를 청결 또는 미화하고 피부 또는 모발을 건강하게 유지하기 위하여, 도찰, 살포, 그밖에 이와 유사한 방법으로 사용되는 물품으로서 인체에 대한 경미한 것을 말한다. 다만, 사용목적이 의약품의 사용목적을 겸하여 사용되는 물품은 예외로 하는 것"으로 정의했다.

또한 화장품법에서는 화장품의 정의를 "화장품"이란 인체를 청결 · 미화하여 매력을 더하고 용모를 밝게 변화시키거나 피부 · 모발의 건강을 유지 또는 증진하기 위하여 인체에 바르고 문지르거나 뿌리는 등 이와 유사한 방법으로 사용되는 물품으로서, 인체에 대한 작용이 경미한 것을 말한다. 다만, 「약사법」 제2조제4호의 의약품에 해당하는 물품은 제외한다 라고 정의하였다.

"기능성화장품"이란 피부의 미백에 도움을 주는 제품, 피부의 주름개선에 도움을 주는 제품, 피부를 곱게 태워주거나 자외선으로부터 피부를 보호하는 데 도움을 주는 제품, 모발의 색상 변화 · 제거 또는 영양공급에 도움을 주는 제품, 피부나 모발의 기능 약화로 인한 건조함, 갈라짐, 빠짐, 각질화 등을 방지하거나 개선하는 데에 도움을 주는 제품으로 총리령으로 정하는 화장품을 말한다.

"천연화장품"이란 동식물 및 그 유래 원료 등을 함유한 화장품을 말하며, "유기농화장품"이란 유기농 원료, 동식물 및 그 유래 원료 등을 함유한 화장품으로서 식품의약품안전처장이 정하는 기준에 맞는 화장품을 말한다.

2020년 4월에 새로 시행된 "맞춤형화장품"이란 제조 또는 수입된 화장품의 내용물에 다른 화장품의 내용물이나 식품의약품안전처장이 정하는 원료를 추가하여 혼합한 화장품, 제조 또는 수입된 화장품의 내용물을 소분(小分)한 화장품을 말한다. 다만, 고형(固形) 비누 등 총리령으로 정하는 화장품의 내용물을 단순 소분한 화장품은 제외한다 라고 정의하고 있다.

화장품은 종전의 단순한 미화 및 치장 측면에서 현대에 들어 환경오염의 증가, 사회생활의 확대, 생활환경 및 거주 형태의 변화로 인해 피부를 보호하고 적극적으로 노화 및 스트레스를 예방하는 방향으로 바뀌고 있다. 또한 화장품에는 다양한 원료가 사용되는데 천연물에서 추출된 활성 성분, 생물학이나 생화학, 의학에서 개발된 고기능성 원료의 사용이 증가하고 있다. 그리고 제형의 개발도 리포좀, 나노기술이 적용되는 등 새로운 형태의 기술이 발전·개발되고 있다.

2) 화장품의 분류 및 요건

(1) 화장품의 분류

① 화장품법 시행규칙의 정의에 따른 분류

화장품은 제조·수입·판매·표시·광고·취급 등 모든 면에 규제를 받는 상품이다. 화장품은 화장품법 시행규칙의 정의에 따라 다음과 같이 분류할 수 있다.

▶ **어린이용 제품류**

어린이용 샴푸, 린스, 로션, 크림, 오일, 세정용 제품, 목욕용 제품

▶ **목욕용 제품류**

목욕용 오일, 정제, 캡슐, 염류(鹽類), 바블 바스(bubble baths) 등

▶ **인체 세정용 제품류**

폼 클렌저, 바디 클렌저, 액상비누 등

▶ **눈 화장용 제품류**

아이브로우 펜슬, 아이라이너, 아이섀도, 마스카라, 아이 메이크업 리무버 등

▶ **방향용 제품류**

향수, 분말향, 향낭(香囊), 코롱(cologne) 등

▶ **염모용(染毛用) 제품류**

헤어 틴트(hair tints), 헤어 컬러 스프레이(hair color sprays)

▶ **색조화장용 제품**

볼연지, 페이스 파우더(face powder), 페이스 케이크(face cakes), 리퀴드(liquid)·크림·케이크 파운데이션(foundation), 메이크업 베이스(make-up bases), 메이크업 픽서티브(make-up fixatives), 립스틱(lip stick), 립 라이너(lip liner), 립 글로스(lip gloss), 립밤(lip balm), 바디 페인팅(body painting), 분장용 제품 등

▶ **두발용 제품류**

헤어 컨디셔너(hair conditioners), 헤어 토닉(hair tonics), 헤어 그루밍 에이드(hair grooming aids), 헤어 크림·로션, 헤어 오일, 포마드(pomade), 헤어스프레이·무스·왁스·젤, 샴푸, 린스, 퍼머넌트 웨이브(permanent wave), 헤어 스트레이트너(hair straightner) 등

▶ **손·발톱용 제품류**

베이스 코트(base coats), 언더 코트(under coats), 네일 폴리시(nail

polish), 네일 에나멜(nail enamel), 탑 코트(top coats), 네일 크림 · 로션 · 에센스, 네일 폴리시 · 네일 에나멜 리무버 등

▶ **면도용 제품류**

애프터세이브 로션(aftershave lotions), 남성용 탈쿰(talcum), 프리세이브 로션(preshave lotions), 세이빙 크림(shaving cream), 세이빙 폼(shaving foam) 등

▶ **기초화장용 제품류**

수렴·유연·영양 화장수(face lotions), 마사지 크림, 에센스, 오일, 파우더, 바디 제품, 팩, 마스크, 눈 주위 제품, 로션, 크림, 클렌징 워터 등

② 화장품의 사용 목적에 따른 분류

화장품을 사용 목적에 따라 분류하면 기초 화장품, 메이크업 화장품, 모발 화장품, 방향 화장품, 바디 화장품, 구강 화장품 등으로 나눌 수 있다.

기초 화장품은 피부 보호 및 노화의 예방에 초점을 맞추어 개발되고 있으며, 메이크업 화장품은 시대의 유행 및 연령별 선호에 맞추어 개발되는 경향이 강하다. 모발 화장품은 종전의 퍼머넌트제 위주에서 헤어 컬러링 등으로 확장되는 추세이며, 바디 화장품은 스파 문화의 확대와 소득 수준의 향상에 따라 종류가 다양해지고 있다.

[표 1-1] 사용 목적에 따른 화장품의 분류

분류	사용 목적	주요 제품
기초 화장품 (스킨케어 화장품)	세안	세안 크림, 폼
	피부 정돈	화장수, 팩, 마사지 크림
	피부 보호	로션, 에센스, 크림
메이크업 화장품	베이스 메이크업	메이크업 베이스, 파운데이션, 페이스 파우더
	포인트 메이크업	립스틱, 아이섀도, 네일 에나멜
바디 화장품	세정	비누, 바디 샴푸
	선케어	선 스크린 크림, 선탠 오일
	땀의 억제, 체취 방지	데오드란트 로션, 파우더
	탈모, 제모	제모제
모발 화장품	세정	샴푸
	트리트먼트	헤어 린스, 헤어 컨디셔너, 헤어 트리트먼트
	정발	헤어 스프레이, 헤어 무스, 헤어 왁스
	퍼머넌트 웨이브	퍼머넌트 웨이브 1제, 2제
	염모, 탈색	염모제, 헤어 블리치
	탈모, 제모	제모제
구강용 화장품	치마제	치약
	구충청량제	함수제
방향 화장품	향취 부여	퍼퓸, 오드뚜알렛, 오드코롱

(2) 화장품의 요건

화장품은 자신이 원하는 취향이나 피부 타입 또는 연령 등에 맞게 선택하는 대표적인 기호성 상품의 일종으로 인간의 생활에서 모든 사람들이 인체 전체를 대상으로 장기간 지속적으로 사용하는 물품이기 때문에 인체에 대해 부작용이 없도록 확실한 안정성이 요구된다. 그리고 화장품을 사용하는 기간 중 변질되거나 분리되는 일이 없도록 제품의 안정성이 있어야 한다. 또한 피부에 대한 사용성이 좋고, 보습이나 노화 억제 등의 유효성이 있어야 한다.

[표 1-2] 화장품의 4대 요건

구 분	내 용
안전성	피부에 대한 자극, 알레르기, 독성이 없을 것
안정성	보관에 따른 산화, 변질, 변색, 변취, 미생물의 오염이 없을 것
사용성	1. 사용감(피부 친화성, 촉촉함, 부드러움 등)
	2. 사용 편리성(형상, 크기, 중량, 기능성, 휴대성 등)
	3. 기호성(향, 색, 디자인 등)
유효성	피부에 대한 보습효과, 노화 억제, 자외선 차단효과, 세정효과, 색채효과 등

[표 1-3] 화장품의 주요 기술과 범위

구 분	내 용
소재기술	피부의 미백, 주름 개선, 자외선 차단, 보습, 피지 조절, 항산화, 비듬
	피부 흡수, 피부의 자극 완화, 분체, 계면활성제, 고분자 화합물
제형기술	유화, 가용화, 분산, 겔화, 리포좀, 나노 기술, 마이크로 캡슐
평가기술	효능 평가, 안전성 평가, 관능평가, 방부력 평가

2. 피부와 화장품

1) 피부의 기능

피부는 신체를 덮고 있는 겉표면으로 외부와 직접 접하고 있는 피부를 외부의 여러 영향으로부터 내부기관을 보호하여 생명을 유지할 수 있도록 해준다. 피부의 기능 중 가장 중요한 것은 체온 조절과 외부물질에 대한 장벽으로서의 기능으로 피부 밖으로 소실되는 수분의 양을 줄여 주며, 외부로부터의 상해, 독성물질, 감염원 등이 피부 내로 침습하는 것을 막아준다.

그 외에도 땀의 분비를 조절해서 체온을 일정하게 유지시키고 다양한 외부자극에 대한 신경수용체로서의 역할, 외부 항원에 대한 면역학적 역할 등을 수행하며, 체내의 노폐물을 분비하거나 외부로부터의 물질을 흡수하는 기능도 가지고 있다.

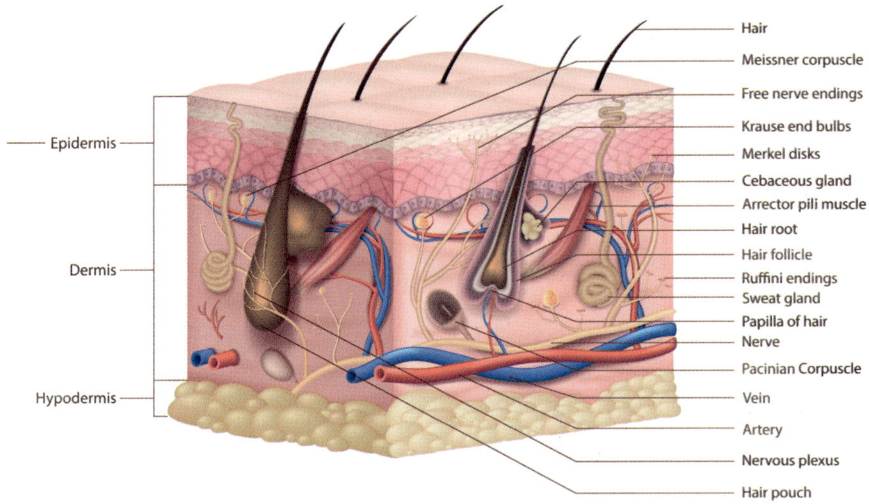

피부의 구조

(1) 보호기능

피부는 주위의 환경에서 오는 자극 요인으로부터 생체를 보호하는 역할을 하며 외부로부터의 물리적, 화학적 자극으로부터 체내의 여러 기관을 보호하고 있는 최외층의 기관이다. 피부 중의 지방산이 세균 번식을 억제해 주며 자외선, 열, 바람, 온도 등으로부터 피부를 보호하고 수분이 빠져나가는 것을 막아준다. 표피의 각질층은 단단한 피막으로 타박이나 압박, 마찰 등의 기계적 자극을 방지하며, 진피의 결합조직섬유나 탄력섬유는 피하조직의 지방층과 함께 쿠션(cushion)의 역할을 하고 외압에 의한 충격을 완화한다.

표피의 멜라닌 세포에서 합성하는 멜라닌 색소는 자외선을 흡수하여 피부를 보호하며, 투명층 및 과립층은 체액의 불필요한 증발이나 체외 물질의 침입을 방어한다.

(2) 체온 조절작용

신체 열량 소모의 70%는 피부를 통해 소모된다. 인체 온도는 항상 36.5℃를 유지해야 하기 때문에 한선, 혈관, 피지선, 저장지방, 램프액 등의 역할이 일정하게 일어나게 된다. 피부는 모세혈관의 확장과 수축에 의해 혈류량의 변화로 발한에 의한 수분 증발을 통해 체온을 조절한다.

각질층과 피하조직 등도 신체의 열이 발산되는 것과 외부 온도의 변화가 신체 내부로 전해지는 것을 막는다. 또한 입모근을 수축해서 표피에 공기층을 형성해 체내에서 열이 발산되는 것을 줄여 체온을 조절해 준다.

(3) 감각작용

피부는 통각, 촉각, 냉각, 온도 감각, 압각점이 발달되어 있어 외부의 어떤 자극을 느끼면 이를 감지하여 뇌로 신호를 보내 다양한 감각을 느끼게 된다. 즉, 피부에 존재하는 다수의 신경을 통해서 의식적 또는 무의식적으로 외적 자극에 대처하며 신경말단과 수용체가 존재하여 외부 환경의 변화를 수용하는피부 감각을 가지게 된다. 이러한 감각은 신체의 방어기능으로서의 역할을 한다.

(4) 분비작용

피부는 살아 숨을 쉬며 호흡하므로 호흡을 함에 따라 땀과 피지를 분비하고 배설하는 작용을 한다. 피부 표면에는 피지선과 한선이 열려 있으며 피지선에서 생성된 피지는 피부의 표면에 분비된다.

피지는 각질층과 털 표면에 얇은 피지막을 만들어 피부의 수분이 증발하는 것을 막아주고, 피지 속에 포함되어 있는 지방산은 세균이나 곰팡이의 성장을 억제하는 기능을 가지고 있다. 땀을 분비하여 피부 표면의 보습성을 유지하기도 하며 주목적은 체온을 조절하는 것으로 땀의 분비가 많은 경우 땀은 액체로 인식되지만 보통은 분비되면서 증발한다. 땀의 조성은 혈장과 유사하며 동일한 전해질을 포함하여 농도가 희석되어 있다.

(5) 흡수작용

피부는 외부에서 체내로 이물(異物)이 침입하는 것을 막는 역할을 하는데, 선택적으로 물질을 흡수하는 성질도 가지고 있으며, 각질층을 제외한 표피와 진피의 대부분은 투과성이 높고 피부의 가장 바깥쪽에 위치한 각질층만이 투과성이 아주 낮은 편이다. 피부를 통한 흡수 경로로는 각질층을 통한 흡수, 모공을 통한 흡수, 에크린한선을 통한 흡수로 추정되며, 이 3가지 중에서 각질층을 통한 흡수가 가장 중요한 흡수 경로이다.

장벽 역할을 하는 각질층은 각질세포와 세포 사이에 위치한 지질들로 이루어져 있기 때문에 친유성(lipophilic) 물질이 피부에 흡수가 잘 되며, 피부의 수분 함량을 증가시키거나 피부 표면의 온도를 높여주어도 흡수가 잘 된다. 각질층이 얇은 얼굴에는 흡수가 아주 잘 되며, 유아나 노인은 일반 성인보다 피부의 두께가 얇은 상태이므로 흡수가 더욱 잘 된다.

(6) 저장작용

피부는 섭취한 음식물에서 필요한 열량을 소모하고 남은 것을 피하지방 조직에 지질 형태로 저장한다. 피하조직은 피하지방으로 잉여의 영양물질을 저장하고 있으며, 소아기의 피부 수분량은 80%를 차지하나 연령이 많아질수록 감소되어 거의 60% 정도에 이르게 된다.

(7) 비타민 형성작용

각화현상과 함께 표피 내에서 만들어진 프로비타민 D로부터 일광 중의 자외선 조사에 의해 비타민 D가 형성되며, 이것은 체내에 재흡수된다.

(8) 재생작용

정상적인 피부의 표피는 낡은 각질세포가 떨어져 나가고, 탈락된 세포의 분량만큼 기저세포가 분열하여 새로운 표피세포를 만들어 내며, 표피의 재생은 각화된 세포의 탈락이 자극이 되어 일어난 것이다.

피부의 결손이 기저세포가 남아있는 표피에 한정될 경우 기저층으로부터 재생되어 상처를 남기지 않고 회복하며 기저층이 손상되었어도 모낭과 한관이 남아 있으면 표피의 일부가 재생된다. 하지만 이 모든 것이 손상되면 육아조직(granular tissue)이라는 결합조직이 증식되어 흉터가 남게 된다.

(9) 표정작용

피부는 신체 내부와 외부로부터 여러 가지 영향을 받으며 감정의 변화에 따라 창백해지고, 털이 거꾸로 서는 것과 같은 피부의 변화가 나타날 수 있다.

(10) 면역작용

피부를 오염시키는 이물질이나 세균에 저항하는 물질을 생성해 준다. 피부 표피에는 면역반응에 관여하는 랑게르한스세포(langerhans cell)가 있어서 면역반응을 통해서 생체 방어기전에 관여한다.

랑게르한스세포는 대부분 유극층에 위치하며 돌기를 가진 모양을 하고 있으며, 외부의 이물질 침입에 신체 방어반응을 인지 및 중계하는 역할을 한다.

즉, 피부 면역반응(다양한 사이토카인 생성 및 분비에 의한 면역, 염증반응)과 밀접한 관계를 지니며 외부의 항원을 림프구로 전달하는 역할을 한다.

2) 피부의 pH

인체는 혈액, 체액, 타액에 이르기까지 모두 pH(potential of hydrogen) 7.0~7.4 정도의 중성인 반면, 피부는 pH 4.5~6.5 정도의 약산성일 때 가장 건강한 피부이다. 그러므로 건강한 정상피부의 pH는 평균 4.5~6.5 사이의 수치를 띠고 있다.

피부 pH라는 것은 피부 그 자체의 pH를 의미하는 것이 아니라 피부 표면의 pH를 말하는 것으로, 땀과 피지가 혼합되어 피지를 덮고 있는 막을 의미한다. 얼굴의 이상적인 pH는 약산성인 5.2~5.8 정도이다. 피부는 외부로부터의 세균이나 곰팡이 등 우리 피부에 안 좋은 미생물들로부터 보호하기 위해(살균작용) 약산성을 띠고 있으며, 피부의 산성막은 미생물의 증식을 막아 자극이나 감염으로부터 보호해준다. 피부의 산성도는 성인 남성이 여성보다 낮고, 20대 장년기는 신생아와 노년기에 비해 낮으며, 지성피부가 건성피부보다 낮다.

피부 pH가 많이 증가해 알칼리성에 가까워지면 피부를 보호해 주는 세균 대신 다른 병원균이 번식하여 피부 감염이 증가하게 된다. 또한 피부 pH는 '향균'과 '각질층의 탈락 조절'이라는 매우 중요한 역할을 하고 있다.

사람 피부의 pH

- 남자 피부(중성피부) pH = 5.2(약산성)
- 여자 피부(중성피부) pH = 5.8(약산성)
- 어린이 피부 pH = 6.5(약산성)
- 화학적 중성 pH = 7.0(중성)
- 여드름 피부 pH = 7.5(알칼리성)
- 아토피 피부 pH = 8.0(알칼리성)

세정 시에는 알칼리성 제품보다는 약산성의 세정용 화장품을 사용하는 것이 좋다. 또한 일반 세안제 또는 중성 세안제로 세안 후에는 약산성인 화장수를 사용하여 피부를 정돈하는 것이 바람직하다. 특히 여드름 피부 및 아토피 피부는 알칼리성이므로 알칼리성인 일반 세안제를 사용하면 피부가 연화되어 세균 침입을 용이하게 하고 피부의 본래 기능인 외부 침입 방지기능을 약화시키기 때문에 피부에 자극을 줄 수 있으므로 약산성 세안제를 사용하는 것이 중요하다.

pH(potential of hydrogen): 수소이온의 농도 지수

pH는 0부터 14까지의 숫자로 표현하고 7을 중성으로 하여 그보다 작은 수치는 산성, 그보다 높은 수치는 알칼리성(염기성)으로 표시한다. 중성에 해당하는 수용액은 물이다.

- 0～7: 산성
- 7～8: 중성
- 8～14: 알칼리성

3) 피부의 자외선과 멜라닌

(1) 자외선의 정의와 종류

햇빛은 전자기 방사선처럼 분류되는 복사 에너지의 작은 부분으로 이 방사선은 파장의 길이에 따라서 적외선과 가시광선, 자외선, X선, 감마선 등으로 구분된다. 지구에 도달하는 빛의 50%는 가시광선이며 40%가 적외선, 나머지 10%가 자외선으로서 고도, 위도, 기후, 계절, 시간, 지면, 지역적인 대기 조건, 먼지, 연기 등에 따라 강도가 달라진다.

자외선은 태양광을 스펙트럼 사진으로 찍었을 때 가시광선보다 짧은 파장으로 사람 눈으로는 보이지 않는 빛이다. 자외선은 가시광선의 자색보다 짧은 광선이란 의미로 UV(ultraviolet)라고 하며, 자외선은 다시 파장의 범위에 따라서 나누어지며 장파장(320～400nm)의 자외선 A(UVA), 중파장(280～

320nm)의 자외선 B(UVB), 단파장(200~280nm)의 자외선 C(UVC) 등 3가지로 분류된다.

① 자외선 A(Ultraviolet A ; UVA)

자외선 A는 긴 파장의 광선으로 유리를 통과하여 피부의 표피, 진피, 피하지방까지 깊숙이 침투해 주름을 형성시키며, 색소침착을 유도하는 일상생활에서 가장 쉽게 접하는 에너지 강도가 적은 생활광선이다. 장파장(320~400nm)으로서 오존층에 흡수되지 않고 대부분 지표면에 도달하고 피부에도 가장 깊숙이 침투한다.

또한 자외선 B에 비하여 에너지 강도가 적지만 구름, 창문, 유리, 커튼을 통과하고 형광빛, 삼파장, 할로겐에서도 방출되기도 하며, 장기간에 걸쳐 노출될 시 자외선 B보다 심각한 광 손상을 일으킨다.

② 자외선 B(Ultraviolet B ; UVB)

자외선 B는 대부분은 오존층에 흡수되지만 일부는 지표면에 도달한다. 중파장(290~320nm)으로서 자외선 A에 비해 태양광선에서 1/100 정도 밖에 방출되지 않지만 자외선의 세기가 자외선 A보다 훨씬 강해 피부에 미치는 영향이 크다. 적당량의 경우 피부에서 프로비타민 D를 활성화시켜 인체에 필수적인 비타민 D로 전환시켜 면역력을 강화시킨다.

반면에 지구에 극소량 도달하지만 동물체의 피부를 태우고 피부 조직을 뚫고 들어가며 자외선 B의 양이 많은 경우 피부의 핵산, 단백질 등의 합성을 억제시키고, 화상을 입히며 색소침착을 유발하여 세균 감염 및 암을 유발한다. 자외선 중 생물학적으로 인체에 가장 영향을 많이 미치고 피부에 광 손상을 일으키는 주원인으로써 단기간에 표피와 진피의 유두층의 혈관 부위까지 침투하여 일광화상, 홍반 등을 일으킨다.

③ **자외선** C(Ultraviolet C ; UVC)

단파장(200~290nm)으로서 가장 파장이 짧고 강한 자외선으로, 피부 표면의 과립층까지 통과한다. 성층권 내의 오존층에서 대부분 흡수되어 지면에 다다르지 못하지만 최근에는 환경오염으로 인해 오존층이 파괴되면서 자외선 C의 과다한 자외선이 지구로 유입되어 생활에 해를 끼치고 있다. 살균작용도 하지만 염색체 변이를 일으키고 단세포 유기물을 죽이며 눈의 각막을 해치는 등 생명체에 해로운 영향을 준다.

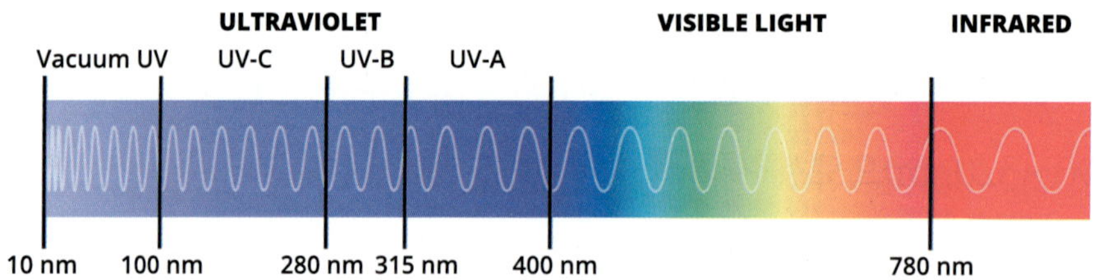

태양광선 스펙트럼

(2) 자외선과 피부반응

자외선에 의한 피부반응은 일광 노출 후 반응이 나타나는데 시간에 따라 크게 급성 피부반응과 만성 피부반응, 알레르기와 독성에 의한 피부반응 등으로 구분할 수 있다.

급성 피부반응으로는 비타민 D의 합성, 홍반과 색소침착, 일광 화상, 태닝이 있으며, 만성 피부반응으로는 광노화, 피부암 등이 있다. 알레르기와 독성에 의한 광 피부염, 광감작의 피부반응이 있다. 또한 자외선은 랑게르한스세포(Langerhans' cell)의 기능을 저하시키는 작용이 있고, 직접적으로 면역기능의 이상을 초래하여 피부암을 유발한다.

① 비타민 D의 합성

자외선에 지나치게 많이 노출되면 비타민 D와 함께 루미스테롤(lumisterol)과 같은 관련 물질이 합성되었다가 시간이 지나면 비타민 D로 전환되므로 자외선에 과다 노출되어 발생할 수 있는 비타민 D 독성으로부터 우리 몸을 방어할 수 있다. 인체 내에서 합성되는 비타민 D의 양은 생리적으로 잘 조절되므로 자외선에 과다하게 노출되더라도 비타민 D의 독성이 유발되지는 않으며, 비타민 D는 뼈에 칼슘과 인의 축적을 증가시켜 정상적인 뼈를 형성하고 유지하여 구루병, 골연화증 및 골다공증을 예방한다. 하루 15분 정도 일광에 노출하는 것만으로도 충분한 양의 비타민 D가 합성되므로 의식적으로 일광노출을 할 필요는 없다.

② **홍반(Erythema)**

홍반반응은 피부가 자외선을 받아 빨갛게 되는 현상으로 진피 내 혈관 확장으로 혈류량이 증가하여 유발되는 UVB의 대표적인 피부반응이다. 초기의 홍반은 UVB에 의해서 발생되나 시간이 지나면서 UVA에 의해서도 점차 홍반이 발생된다.

홍반이 나타나는데 걸리는 시간은 개인의 자외선 감수성에 따라 다르게 나타나며, 일시적으로 나타났다 없어지는 즉시 홍반(immediate phase)반응과 조사 후 4~5시간이 지나서부터 하루 내지 이틀 정도 지속되는 지연홍반(delayed phase)으로 구분된다.

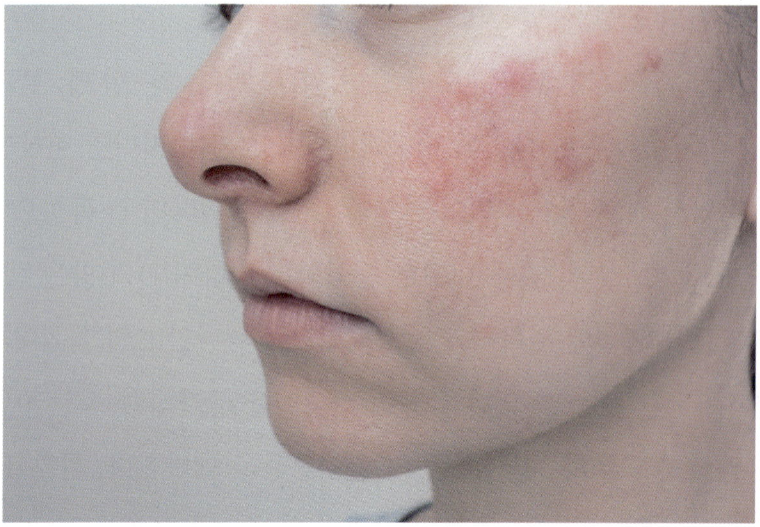

③ 색소침착(Pigmentation)

멜라노사이트(melanocyte)는 평소에 피부가 햇빛에 노출되지 않으면 거의 작용을 하지 않지만 일단 빛에 노출되면 효소 티로시나제(tyrosinase)의 활성에 의해 색소침착이 일어난다. 색소침착은 자외선에 대한 조사로 피부가 검어지는 것을 말하며, 자외선으로 인한 색소침착은 즉시형 색소침착(Immediate pigment darkening ; IPD)과 지연형 색소침착(Delayed tanning ;DT)의 두 가지 형태로 구분된다.

UVA와 가시광선에 의해 주로 즉시형 색소침착이 나타나며, 즉시형 색소 침착은 자외선에 노출 후 1~2시간 후에 최고조에 달하며 지속시간은 노출 시간에 비례하는데 반해 지연형 색소침착은 주로 UVB에 의해 유발되며, 노출 후 3~4일 내에 나타나며 10일에서 3~4주 후에 가장 최고에 달한다. 지연형 색소침착은 염증과 화상을 동반하며, 멜라닌 생성을 유발한다.

④ 일광화상(Sunburn)

일광화상은 신체가 태양이나 인공 자외선에 과도하게 노출되어 발생하는 흔한 질환으로 UVB가 주원인이나 UVA도 관여한다. 일광화상의 강도, 노출시간, 일광화상이 일어나는 순간은 개인에 따라 다양하고, 피부가 태양에 노출되면 나타나는 정상반응으로 대략 4~6시간의 잠복기 후에 발생하며 24시간 내에 최고조에 달한다.

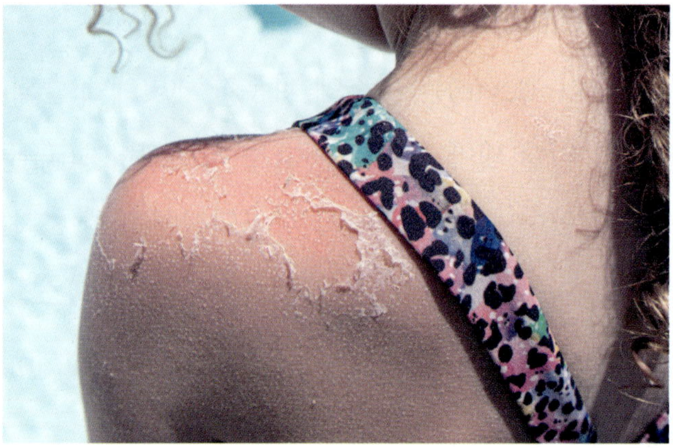

⑤ **광노화**(Photoaging)

피부 노화는 세월의 흐름에 따라 노화가 진행된다는 자연노화(intrinsic aging)와 장기간에 걸친 자외선 노출로 인한 광노화(photoaging)로 나눌 수 있다. 자연노화는 환경 변화에 무관하게 피부의 구조와 생리적 기능이 나이를 먹으면서 계속 감퇴되어 나타나는 노화현상이며, 광노화는 자외선에 반복 노출되어 나타나는 노화현상을 말한다.

광노화로 인한 피부의 변화는 진피 결합조직이 장기간의 일광에 의해 변성하기 때문인데 피부는 탄력이 없어지고 갈색 얼룩의 주름진 피부가 되며 피부가 위축되어 두꺼워진다. 또한 불규칙한 색소침착, 기미, 주근깨, 일광흑자 등 색소질환을 유발하며 검버섯, 쥐젖, 피지선 증식 등 양성 질환을 유발한다.

최근에는 광노화를 조기 노화의 주원인으로 보고 있으며, 자외선으로 인한 피부 손상은 평생 동안 발생하므로 자외선 차단제의 사용이 중요시되고 있다.

⑥ 피부암(Skin cancer)

자외선은 세포의 구조와 성장, 기능, 재생산을 관장하는 피부세포 DNA를 손상시키는데, 이러한 손상이 정확하게 복구되지 않는다면 수 년 간의 변화 과정을 거치면서 피부암이 될 수 있다. 일반적으로 자외선에 과다하게 노출되면 피부암이 걸릴 확률이 높아진다.

UVB는 기저세포암과 편평상피세포암을 유발하는 것으로 알려져 있다. 이 두 종류는 전체 피부암의 80%를 차지한다. 보다 치명적인 UVC는 최근 오존층의 파괴로 인해 UVC가 여과되지 못하고 지표까지 도달하는 경우가 늘고 있으며, UVC는 흑색종을 유발한다. 흑색종은 발생한 세포마다 멜라닌을 침착시키면서 확산되며 예후가 좋지 않다.

흑색종은 유럽계 백인 집단에서 발병률이 더 높게 나타난다. 백인종과 비교할 때 동양인에서는 피부암이 훨씬 적게 발생하고 흑인에게서는 더욱 드물게 발생한다. 이것은 동양인이나 흑인의 피부에 존재하는 많은 양의 멜라닌 색소가 자외선으로부터 피부의 손상을 보호하기 때문이다. 한편, 할로겐등이나 형광등과 같은 조명기구도 UVC를 방출하여 장기간 노출되면 흑색종이 발생할 수 있다.

(3) 멜라닌(Melanin)

멜라닌은 여러 동물들의 피부나 눈 등의 조직에 존재하는 흑색이나 갈색 색소를 총칭한다. 멜라닌은 일정량 이상의 자외선을 차단하는 기능이 있어서 피부의 체온을 유지시켜 주고 자외선으로부터 피부를 보호해 준다. 또한 멜라닌의 양에 의해서 피부색이 결정된다.

사람의 피부색은 인종과 지역, 성별, 연령 및 개인에 따라 다르며, 동일인에 있어서도 부위별, 계절별로 다르고 건강 상태에 따라서도 변화한다. 피부의 색은 표피에 존재하는 색소세포인 멜라닌 세포(melanocyte)에서 생성하는 멜라닌(melanin) 색소의 양과 분포에 의해서 결정되며, 표피의 기저층에 존재하는 멜라닌 세포 내에서 그 구성 성분인 티로신(tyrosine)에 티로시나아제(tyrosinase)라는 효소가 작용함으로써 만들어진다.

외관상의 피부색에는 피부 표면의 색, 멜라닌(갈색), 카로틴(노란색), 헤모글로빈(붉은색, 파란색) 등의 색소가 관여하고 피부의 색깔을 결정하는 요소는 선천적인 경우와 태양이나 스트레스 등의 환경에 노출되면서 피부색이 변하는 후천적 경우가 있다.

멜라닌은 멜라노솜(melanosome)이라 불리는 특수한 구조에서 생성되는데, 멜라노솜이란 작은 자루 모양이며 멜라닌 세포의 세포질 내에 생성되는 특이한 구조이다. 멜라닌은 세포 내에서 여러 가지 방식으로 존재하는데, 멜라닌 세포가 멜라노솜의 확산과 응집을 조절함으로써 피부색의 변화가 일어난다. 멜라닌 색소는 먼저 자외선 빛에 반응하고 티로시나아제 합성을 한 후 멜라노솜을 형성한다.

표피의 멜라닌 세포 수는 피부색과 관계없이 일정하며, 민족 간의 피부색을 결정하는 것은 멜라노솜의 수와 크기이다. 같은 양의 멜라닌이라 하여도 흑인의 경우는 멜라노솜이 산재되어 있는 반면 백인은 멜라노솜이 얇은 막에 의해 뭉쳐 있기 때문에 희게 보인다. 검은색이나 갈색의 주요 성분인 유멜라닌(eumelanin)과 모발이나 피부가 황색이며 적색 성분인 페오멜라닌(pheomelanin)의 두 종류의 멜라닌이 있으며, 자외선을 흡수하여 그 에너지가 피부 내부로 침투되지 않도록 막아 줌으로써 일광으로부터 피부를 보호해 주며 체온을 유지하는 데도 도움을 준다.

지연색소침착은 UVB에 의해 발생되는 현상으로 멜라닌을 합성하는 티로시나아제 효소의 활동과 멜라노솜의 숫자와 크기가 증가하면서 발생하며, 노출 후 48~72시간 내에 증상이 나타난다.

4) 피부의 노화

(1) 노화의 정의

노화(老化, aging)는 생명의 필수불가결한 부분이며, 나이가 들어감에 따라 생명력이 감소되는 현상으로 세포, 유전자, 단백질의 변화로 인해 외부에 대한 적응력이 점차 떨어지면서 생리기능이 서서히 감퇴되는 현상으로 정의될 수 있다. 인간의 노화는 기능적인 측면뿐만 아니라 미용적 측면도 생기를 잃어간다는 것을 의미한다.

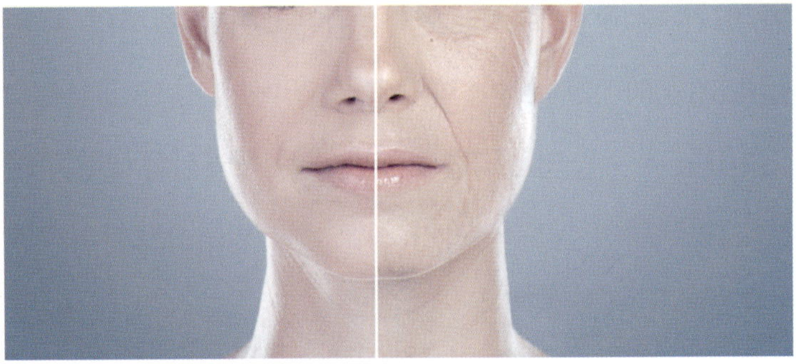

노화에 따른 변화는 개인차가 있고 부위에 따라서도 다르게 나타나며 피부 노화는 신체 성장이 멈추는 시기부터 시작된다. 표피는 세포 재생이 반복되지만 진피는 성장을 멈추면서 노화가 시작되어 노화의 과정이 진행되면 피부에는 주름이 증가하고 피부가 이완되며 탄력, 윤기, 광택, 매끄러움이 저하된다.

(2) 노화의 형태

① 자연노화(내인적 요인)

내인적 요인에 의한 자연노화로 25세를 전후하여 나이가 들어가면서 신체적인 변화가 오고 체내의 기능이 저하되는 현상을 말한다.

▶ 표 피

나이가 들면 세포 생산이 둔화되는데, 피부 재생이 둔화되면 피부 안색이 활기가 없어 보이고 메말라 보인다. 또한 각질형성세포(keratin-ocyte)의 케라틴 합성이 감소되고 각질층의 케라틴층과 천연 보습인자 그리고 여러 효소가 감소된다. 각질층의 수분 결핍현상이 심화되며 피지 생산의 감소로 산성보호막 또한 부실해지면서 멜라닌 세포는 태양으로부터 손상을 방지하기 위하여 멜라닌을 생성한다. 80세 노인의 표피는 젊은이보다 50% 정도 얇으며, 세포간의 응집력도 결여된다.

▶ 진 피

노화는 피부의 혈액 공급에 영향을 미치는데, 동맥을 두껍게 하고 모세혈관을 얇게 한다. 진피와 표피 사이의 연결은 노화에 따라 견고성이 떨어지게 되며 피부노화가 시작되면 콜라겐과 엘라스틴 함량이 줄어들어 늘어짐, 주름 그리고 피부 파손의 위험이 증가한다.

기질(groundsubstance)은 세포 사이 사이와 콜라겐과 탄력섬유 등의 섬유질 사이를 채우고 있는 물질로서 강력한 수분 보유의 능력이 있는데, 노화가 진행됨에 따라 감소하여 피부에 탄력성이 떨어지고 이완과 주름이 생기게 된다.

▶ 피부 부속기관

노화가 진행되면 여성 호르몬의 감소와 분비기능의 저하로 땀의 분비와 피지가 감소하며 체온 조절기능의 불안정을 초래한다. 남성 호르몬이 감소하면서 아포크린한선(apocrine gland)의 기능도 저하되며 모발의 경우 노화가 진행되면서 탈모현상이 일어난다.

② 광노화(외인적 요인)

광노화는 태양광선의 영향으로 굵고 깊은 주름이 발생하며, 잔주름도 많이 발생한다. 광노화를 발생시키는 주요 원인은 자외선(UVB)으로 햇빛에 노출된 피부에 색소침착이 발생하며 일광흑자(solar lentigo) 등의 색소질환이 증가하여 피부가 매우 거칠고, 건조해지며 탄력성이 감소하여 심한 경우 피부가 처지게 된다.

이밖에도 광노화에서는 모세혈관 확장, 노인성 자반 얼룩 등을 볼 수 있다. 장기간 피부를 태양광선에 노출시키거나 직업의 특성상 태양광선에 노출빈도가 높을수록 나이보다 늙어 보인다.

(3) 노화의 현상

① 부위별 주름

▶ 안면주름

안면주름은 중력 때문에 생기는 것이 주된 원인이며, 얼굴 중앙부의 뺨과 볼의 주름을 말하고 나이가 들면서 탄력을 잃고 자글자글한 주름이 동반한다.

▶ 이마, 미간, 눈가주름

전두근은 이마 전체에 걸쳐 있는 얇은 근육이며, 눈썹을 위로 치며 올리고 앞이마에 주름을 만드는 작용을 한다. 전두근의 경우는 독립적인 수축이 가능해 눈썹 주름근인 추미근과 같은 이마에 세로 주름을 짓게 만들어 눈살을 찌푸리게 한다. 이마 쪽에 넓게 자리 잡은 전두근의 수축과 이완으로 생기는 이마

주름, 정신적 스트레스와 눈의 피로로 자주 찡그리면서 생기는 미간 주름 등은 이마의 전두근이 움직이지 않아야 한다.

▶ 팔자주름

코와 입의 옆부분을 비스듬히 가로질러 내려가는 팔자주름은 노화가 진행되면서 중력에 의해 피부와 근육이 아래로 처짐으로써 발생한다. 신생아에게서는 거의 찾아볼 수 없으나 시간이 지나면서 생기는 주름이다. 팔자주름이 생기는 원인은 얼굴의 지방과 근육을 잡아주는 유지인대의 힘이 약해져서 팔자주름의 골이 깊거나 뼈가 함몰된 경우와 입이 나옴으로 해서 생기는 경우, 나이가 들면서 볼살이 쳐져 생기는 경우 등이 있다.

▶ 목주름

주름이 가장 많이 생기는 곳 중에 하나로, 노화뿐만 아니라 잘못된 생활습관과 자세가 가장 큰 원인이 될 수 있다. 높은 베개의 사용을 금하고, 구부정하게 서 있는 자세를 고쳐야 한다. 젊었을 때 주름이 없다가 나이가 들면서부터 심해지게 되며, 지방이 축적되어 이중턱이 생기고 목에 골이 생기는 경우가 있다.

② 색소침착

노화가 일어나면서 피부는 어두워지고 전체적으로 황색을 띠며, 멜라닌 등의 색소침착이 진행되고, 피지 분비량의 감소와 수분량 저하 등이 일어난다.

③ 피부의 처짐

피부의 처짐은 턱, 볼, 눈꺼풀, 옆구리 등에서 나타나며, 이는 진피의 탄력성이 감소하고 피부를 지지하는 근육의 힘이 저하되어 나타나는 현상으로 볼 수 있다.

(4) 노화의 예방 및 치료

① 피부보습

잔주름의 발생과 피부 거침 또는 피부 탄력의 감소 및 피부 칙칙함 등을 유발하는 주요 요인 중 하나는 피부의 건조로, 일반적으로 emolient, humectant, moisturizer 등으로 명칭되는 보습제들은 보습력을 높이는 기전은 다르지만, 모두 각질층의 수분량을 높이는 기능이 있다.

② 항산화제

피부에 유해한 작용을 하는 활성화산소(reactive oxygen species ; ROS)들은 자외선에 의해 발생되기도 하지만 환경오염 물질, 공기, 오존, 심지어 정상적인 대사작용 등에 의해서도 발생하기도 한다. 산소는 체내에 유입된 이후 혈관을 따라 운반되고 음식물 소화를 비롯한 체내 호흡대사에 참여하는 과정에서 불안정한 상태로 변한다. 이는 정상적인 산소와는 달리 세포막과 세포 내에 있는 유전자를 공격해 노화를 촉진하거나 질병을 유발하게 되는 주요 원인이 된다. 이러한 노화의 과정 중에서 활성산소에 의한 메커니즘을 항산화제로서 억제할 수 있다.

③ 레티노이드(Retinoid)

색소침착을 개선하고 콜라겐을 파괴하는 효소를 줄여주는 효능을 가지고 있으며, 레티노이드는 레티노익산, 레티놀, 레티날알데히드를 포함하며 트레오닌이 가장 효과가 좋다고 알려져 있다. 광노화 치료를 위해 연구된 물질로 이상색소증과 주름, 피부의 튼살을 개선하는 기능을 가지고 있다.

④ AHA(Alpha-hydroxyl acid)

화학박피제로도 널리 쓰이는 AHA는 낙농제품(lacticacid)이나 과일(citricacid, malicacid) 등으로부터 추출한 물질로, 노화에 의해 피부에 필요없이 남아 있는 오래된 각질을 제거하고 피부세포로 신호를 전달하여 피부를 재활성화시킨다. 또한 피부 두께가 두꺼워지며, 탄력섬유의 질이 향상되고 교원섬유도 증가하며, 피부의 보습력을 향상시킨다. 점차적으로 자외선에 의한 손상을 회복시키고 잔주름을 제거해 주는 효과도 있다.

⑤ 비타민(Vitamins)

비타민 C는 수용성 비타민 중에서 가장 불안정하지만 콜라겐(collagen) 생산에 보조인자로 작용하며 항산화 효과가 뛰어나다. 또한 창상 회복의 촉진과 레이저 시술 후 홍조 예방 및 조기 회복에도 도움이 되고 티로시나아제를 억제함으로써 피부 미백제로서의 작용을 한다. 노인성 흑자(senile lentigene) 등의 색소침착의 적용에도 가능하며, 다른 강력한 항산화제를 재생하는데 있어 부분적인 역할과 콜라겐 합성을 촉진한다.

⑥ 자외선차단제(Sunblock)

자외선차단제를 피부에 꾸준히 바르거나 뿌려서 태양광의 자외선을 차단하여 광노화를 방지한다.

⑦ 여성 호르몬(Estrogen)

폐경기 이후 여성에게 호르몬(estrogen) 치료를 적용하면 피부가 두꺼워지고 늘어진 피부가 회복된다.

5) 피부 유형

피부 유형은 피부의 수분량과 유분량의 정도의 차이로 정상피부, 건성피부, 지성피부, 복합성 피부, 민감성 피부 등 5가지 유형으로 분류한다. 피부 유형은 기후나 계절 등의 외부 환경과 건강, 수면, 스트레스 등에 의해 변화할 수 있으므로 항상 체크하는 것이 좋다.

(1) 정상피부(Normal skin) 유형

정상피부란 피부조직뿐만 아니라 피부의 생리적 기능이 모두 정상적으로 이루어지는 가장 이상적인 피부 상태를 말한다.

피부의 생리적 기능이 정상적으로 활동하며 피부결의 입자가 섬세하고 표면이 매끄러우며 탄력성과 혈색이 좋고 촉촉하며 피부 표면의 가벼운 윤기와 작은 모공, 여드름이나 뾰루지가 생기지 않는다. 단 피부의 생리적 기능 저하와 외부의 유해 환경으로 인하여 복합성 피부로 변할 수 있다.

(2) 건성피부(Dry skin) 유형

건성피부는 각질층의 수분함량이 10% 이하의 부족한 상태로써 약간의 홍반, 균열, 인설로 거친 피부 상태를 이룬다. 특히 건성피부는 수분과 피지 분비 기능의 저하로 표피건성피부와 내적인 요인, 즉 섬유아세포 기능의 이상으로 콜라겐이 원활히 생성되지 못하고 교원섬유의 손상으로 노화를 초래하는 건성피부가 된다.

또한 주름과 색소침착이 두드러지게 나타나는 피부 유형으로 표피건성피부의 주된 원인은 나이와 계절, 내적 요인보다는 외부 환경적 요인에 영향을 받는다. 또한 생리적 노화에 의한 피부 자체의 유·수분 기능 저하와 피부 건조, 주름, 색소침착 등이 발생하며 수분 부족보다 유분 부족의 건성피부는 악건성과 노화의 원인이 된다.

(3) 지성피부(Oil skin) 유형

지성피부는 정상피부와 비교할 때 피지선과 한선의 기능이 항진되어 피지 분비량이 많은 피부 유형이다. 피부 표면이 거칠고 모공이 넓으며 끈적임이 있고 유분이 많다. T존 부위는 모공이 크며 개방면포(black comedo)가 관찰되기도 한다.

지성피부는 피지가 모낭 밖으로 배출되지 못하고 모낭 속에 축적되어 모공 내 각질이 과각화되고 모공 내 각질이 비후되어 혐기성 세균 번식과 염증 등 여드름과 같은 피부 문제를 일으킨다. 지성피부는 외부 자극에 대한 저항력이 비교적 강하여 햇빛이나 바람에 보호력이 있어 다른 피부 유형에 비하여 노화 속도가 느린 편이다.

(4) 복합성 피부(Combination skin) 유형

복합성 피부는 피지분비량의 불균형으로 2가지 이상의 피부 유형이 함께 존재하는데 T존과 U존은 피지선, 한선의 기능 감소와 증가에 따라 지성피부와 건성피부 상태를 나타낸다. 또한 볼 부위와 눈 주위 근육의 피지 분비와 수분 함량에 따라서 건성피부, 민감성 피부 상태가 되기도 한다. 특히 정상피부라 하더라도 나이가 들어가거나 잘못된 피부 관리와 여러 가지 외부 환경에 의하여 복합성 피부 유형이 된다.

(5) 민감성 피부(Sensitive skin) 유형

일반적으로 연령이나 피부 타입과 관계없이 외부 자극에 대한 저항력이 약하고 화학적, 물리적인 반응에 예민한 피부 유형으로 민감성 피부의 원인과 반응은 개인에 따라 다른데, 어떤 물질이 도포된 경우나 특별한 환경에 노출될 때 홍반, 화끈거림, 따가움, 가려움, 당김, 인설, 통증 등이 나타난다. 민감성 피부는 각화과정이 정상피부보다 조기 박리되어 홍조와 잦은 알레르기 반응으로 피부혈관, 모세혈관, 세동맥이 사람의 육안으로 볼 수 있을 정도로 확장된 피부 상태를 갖는다. 또한 계절적인 영향으로 모세혈관의 수축기능이 퇴보되어 가려움증이 나타날 수 있다.

PART 2

화장품 화학

1. 기초 화학

1) 화학의 분야

화학의 분야에는 무기화학과 유기화학 두 분야가 있다. 무기화학(inorganic chemistry)은 탄소를 제외한 모든 요소들을 포함하는 물질에 대한 분야로 무기물질은 화학적 반응에 있어서 매우 즉각적이며 물, 공기, 철, 납, 요오드 등이 있다.

유기화학(organic chemistry)은 탄소가 포함되어 있는 모든 물질에 대한 분야로 탄소는 모든 동·식물, 석유, 석탄, 천연가스 그리고 인위적으로 만들어진 물질에서 발견된다. 대부분의 유기물질들은 연소되며 알코올과 벤젠 같은 유기용매에 용해된다. 유기물질은 물에서는 용해되지 않으며 화학적 반응이 느리게 진행된다. 풀, 나무, 가솔린, 오일, 비누, 세제, 플라스틱, 항생물질 등의 유기물질이 있다.

(1) 물질(Matter)

물질이란 세 가지 물리적 형태, 즉 액체, 고체, 기체로 존재한다. 머리카락, 사람, 책상, 의자, 벽, 이러한 요소들이 고체 상태(solids)의 물질이며, 수렴제, 물 등은 액체 상태(liguids)의 물질이다. 우리가 숨쉬는 공기는 기체 상태(gases)의 물질이다.

이러한 물질의 상태는 변하지 않고 있는 것이 아니라 압력과 온도에 따라 상호 변화되며, 물의 온도가 올라가면 수증기가 되는 것은 액체에서 기체로 변환되는 것이고, 천연가스에 압력을 가하면 우리들이 사용하는 연료로써 액체가 되는 것이다.

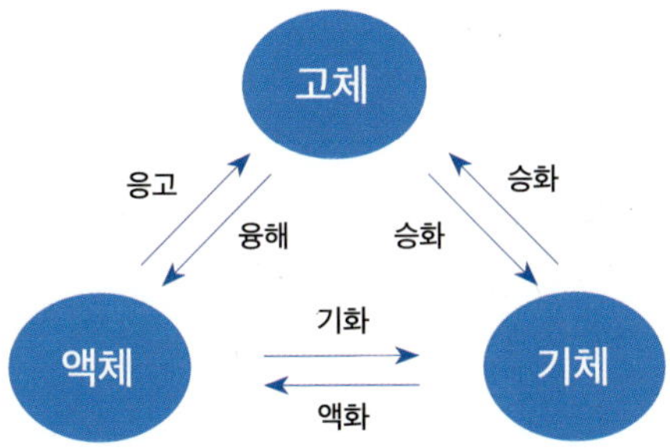

물질의 상태 변화

(2) 물질의 구조(Structure Matter)

① 원자(Atoms)

원자는 물질의 특성을 지니고 있는 최소 단위로 수소 한 원자는 수소의 특성을 지니고 있으며, 이 원자가 파괴되면 더 이상 수소의 특성을 지니지 못하고 수소원자의 모형도 변하게 된다.

② 분자(Molecules)

물질 또는 화합물의 기본 특성을 소유하고 있는 최소 단위를 분자라고 한다. 분자가 하나의 원소로 이루어져 있다면 원자와 같으며, 그 분자가 화합물이라면 원자들은 서로 다르다.

일반적으로 한 원소의 화학적 반응에 대해서 이야기할 때, 그 원자가 다른 원소들과 결합하려는 성질을 가지는데, 수소는 매우 활동적이고 다른 원소들과 쉽게 결합한다. 반면에 네온은 비활동적이며 다른 원소들과 쉽게 결합하지 않으며 수소원자의 전자는 쉽게 움직인다.

(3) 물질의 유형

물질은 무한하게 변화하며 원소, 화합물, 혼합물의 형태로 존재한다.

① 원소(Elements)

원소는 모든 물질의 기본 단위로 미세한 물질의 결합으로 생성될 수 없으며 원소 자체가 더 간단한 물질로 줄어들 수 없다. 현재까지 약 100여 종의 원소가 확인되고 있으며, 가장 흔한 것은 탄소(C; carbon), 철(Fe; iron), 황(S; sulfur), 산소(O; oxygen), 아연(Zn; zinc), 실리콘(Si; silicon) 그리고 은(Ag; silver)이다.

주요 원소의 특성으로는 산소(O)는 일상생활에서 혹은 화합물에서 발견되는 것으로 가장 많이 존재하며, 무색, 무취, 무미의 산화물이라 불리며 무수히 많은 종류의 화합물을 만들고 연소 지지성이 있는 특성이 있다. 수소(H)는 무색, 무취, 무미의 기체이며 가장 가볍고 공기와 혼합되었을 때 가연성이 높고 폭발성이 강한 것이 특징이다.

또한 물에서 산소와의 화학적 결합에 의해서 나타나며 나무, 고기, 물고기, 설탕과 버터와 같은 염기성, 산성, 유기물질에 있어서 다른 물질과의 결합에 의하여 나타난다. 질소(N)는 공기 중에서 흔히 발견되는 원소로 공기의 4/5를 차지하며, 암모니아와 질산염에서 쉽게 찾아볼 수 있으며 산소를 희석시키므로 생활에 필수적이다.

② 화합물(Compounds)

둘 이상의 원소가 화학적으로 결합되어 있을 때 하나의 화합물을 생성하는데, 이때 각 원소는 그 특성을 상실하며 새 화합물은 나름의 특성을 형성한다. 생성된 화합물은 기계적인 방법이 아닌 화학적 방법에 의해서만 변화가 가능하며, 과산화수소(H_2O_2)는 산소와 수소의 화합물로 독특한 냄새와 약간 신맛을 내는 무색의 액체이다. 실크, 머리카락, 깃털, 손톱과 같은 유기물질들은 과산화수소에 의해 탈색되며 과산화수소의 산성으로 인해 표백 작용이 나타난다. 20~40%의 과산화수소 용액은 머리카락 표백제로 사용되며, 10%의 과산화수소 용액은 방부제 성질을 갖는다.

③ 혼합물(Mixtures)

둘 이상의 원소가 화학적이 아닌 물리적 결합으로 생성된 물질로 혼합물 각 구성물질의 성질을 변화시키지 않으며 개개의 성질을 갖는다. 또한 공기(air)는 지구의 대기를 형성하는 기체의 혼합물로 무색, 무취이며, 한 부피의 산소와 네 부피의 질소로 구성되어 있다. 공기는 소량의 이산화탄소, 암모니아도 포함하고 있으며, 동·식물의 생활에 있어서 필수적이다.

④ **물질의 변화**(Changes in matter)

물질은 물리적 방법과 화학적 방법에 의해 변화된다. 물리적 변화는 그 성분이나 성질은 변하지 않으며 색깔이나 경도, 밀도, 모양 등이 변화하는 것을 의미한다. 화학적 변화는 어떤 물질이 변화될 때 그 물질이 가지고 있는 성분이 변화하여 완전히 새로운 물질로 변화하는 것을 의미한다.

(4) 산(Acid)과 염기(Base)

산과 염기는 여러 가지 의미로 표현할 수 있지만, 가장 간단히 정의하면 산이란 화학적으로 H^+ 이온을 내는 물질이며, 염기는 OH^-를 내는 물질이라고 정의할 수 있다.

$$HCl \rightarrow H^+ + Cl^- \text{ (산)}$$

$$NaOH \rightarrow Na^+ + OH^- \text{ (염기)}$$

(5) pH

산과 염기의 세기를 나타내는 수단으로 pH를 사용하는데, 산성인지 알칼리성인지를 표시하기 위하여 취하는 값이다. 이 값을 얻는데 이용되는 표준은 순수한 물로써, 보통의 조건에서 순수한 물의 일부는 수소이온(H^+)과 수산이온(OH^-)이 같은 상태로 이온화되어 있다.

용액 속의 수소이온과 수산이온의 양이 똑같아 용액이 중성인 때의 pH는 7이다. 수소이온이 수산이온보다 많아 용액이 산성을 나타내는 때에는 pH는 7

보다 작아진다. pH가 1인 경우에는 강산이며, pH가 1만큼 변하면 수소이온의 농도는 10배로 변하는데, pH 3인 용액의 산성도는 pH 4인 용액보다 10배 강하다. 반대의 경우로 수산이온이 수소이온보다 많아 용액이 알칼리성을 나타내는 때에는 pH는 7보다 크게 되고 수산화나트륨(NaOH)처럼 강알칼리의 경우는 pH 14에 가깝게 된다. 산성과 알칼리성을 손쉽게 구분하기 위해서는 pH 페이퍼나 pH 미터기기를 사용하여 측정한다.

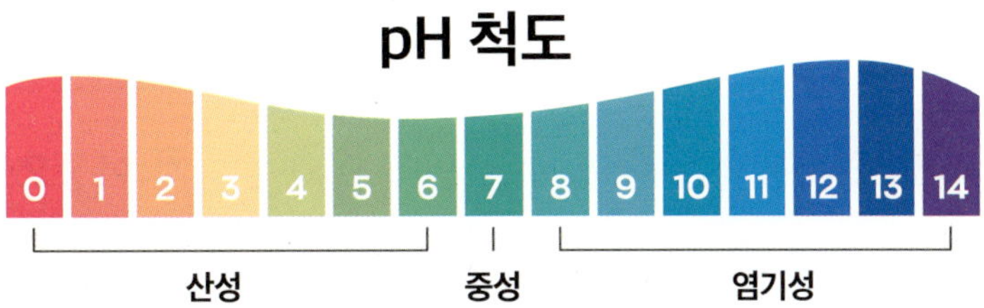

[표 2-1] 여러 용액의 pH

용 액	pH	용 액	pH
식초	2.8	레몬 주스	2.3
오렌지 주스	3.7	토마토 주스	4.1
우유	6.6	블랙커피	5.0
위액	1.0	혈액	7.4

(6) 산화와 환원

산화는 산소와 결합하는 것을 의미하며, 환원은 그 반대를 의미하였으나 현대에 있어서 산화·환원의 정의는 그 영역이 확대되어 산소(O), 수소(H), 전자

이것들을 얻었는지 잃었는지에 따라 정의된다.

[표 2-2] 산화, 환원의 정의

	산소	수소	전자
산화	얻는 것	잃는 것	잃는 것
환원	잃는 것	얻는 것	얻는 것

2) 화장품의 성분

화장품의 원료로 사용되는 종의 수는 약 3,000여 가지 이상으로 최근에는 기능성 화장품 및 천연 화장품의 수요가 급증함에 따라 새로운 물질이 자연으로부터 추출되거나 인공적으로 새롭게 합성되어 만들어지고 있다. 또한 원료의 기능성을 최대한 부각시키고 피부에 대한 자극성을 최소화하며, 피부 흡수율을 좋게 하기 위해서 천연원료의 사용 및 나노 기술(nano technology), 캡슐화 기술(capsule technology)을 비롯한 신진 기술이 도입되고 있다.

화장품의 원료로 사용할 수 없는 원료를 지정하고 그밖의 원료를 사용할 수 있게 하는 네거티브 리스트(negative list) 방식으로 전환하는 내용의 「화장품」 전면개정(법률 제11014호, 2011.8.4.)에 따라, 법령에서 위임한 화장품에 사용할 수 없는 원료 및 사용상의 제한이 필요한 원료에 대하여 그 사용기준을 지정하고, 유통화장품 안전관리 기준에 관한 사항을 정함으로써 화장품의 제조 또는 수입 및 안전관리에 적정을 기하기 위하여 개정되었으며, "식품의약품안전처"를 통하여 주요 내용을 확인할 수 있다.

여기에서는 화장품의 원료로 사용되는 성분들의 각각의 종류 및 특성을 공부하여 화장품 사용에 대한 이해의 폭을 넓히고 화장품 선택 시 그 기능을 제대로 알고 선택하여 사용할 수 있도록 한다.

화장품 성분들에 대한 종류별 특성은 다음과 같다.

(1) 유성 원료

피부 표면에는 수분 외에 피지 등의 유분이 있어 에멀션(emulsion) 상태의 피지막을 조성함으로써 우리의 피부를 보호하고 있다. 화장품 성분 중 가장 큰 비중을 차지하는 유성 원료는 피부에 얇은 유막을 형성하여 피부의 수분이 증발되는 것을 방지하고, 보습기능과 함께 에멀션을 만드는 주요 원료이기도 하다. 유성 원료는 화학적인 구조와 성질 등에 의해 유지, 왁스, 탄화수소, 고급 지방산, 고급 알코올, 에스테르 등으로 나뉜다.

① 유지(Fats and oils)

지방과 지방유를 모두 유지라고 한다. 동물의 피하조직 또는 식물의 종자나 과일의 열매 등에서 얻을 수 있는 것으로 유지는 화학적으로 3가지의 알코올인 글리세린과 지방산의 화합물인 에스테르로 글리세리드라고 한다. 또한 유지는 피지선에서 분비되는 피지와 비슷하여 고급 지방산을 포함하고 있다. 유지를 원료로 하는 화장품은 피지와 피지막의 기능을 보충하여 피부를 건강하게 보호하는 역할을 한다.

유지는 식물성 유지와 동물성 유지로 크게 나눠지는데, 식물성 유지는 식물의 열매나 종자, 꽃잎 등에서 얻어지는 것으로 공기 중에서의 상태에 따라 건성유, 반건성유, 불건성유로 나누어진다. 건성유는 공기 중에 방치하게 되면 표면에 막이 생기게 되고 굳은 건조 상태로 되며, 불건성유는 공기 중에 방치해도 건조되지 않고, 반건성유는 건성유와 불건성유의 중간적인 성질을 나타낸다. 동물성 유지는 주로 동물의 피하지방 조직에서 추출되며 육산 동물유와 수산 동물유로 구분되며, 식물성 유지에 비해 열에 의해 쉽게 변성되고 착색 또는 악취가 나는 경우가 있어 극히 일부만이 사용되고 있다.

▶ 식물성 유지

올리브유(Olive oil)

올리브의 열매에서 채취된 지방유로 피부친화성이 좋으며, 불포화 지방산인 올레인산이 65~85%로 가장 많이 포함되어 있다. 피부 표면의 수분 증발을 억제하며 사용 감촉을 향상시키며 일소용 오일, 마사지용 오일로 사용되고 각종 크림과 립스틱, 모발용 화장품의 원료가 된다.

동백유(Camellia oil)

동백 열매의 씨를 압착, 정제하여 얻으며 올레인산이 많이 포함되어 있어 항산화에 있어 중요한 역할을 한다. 주로 머릿기름으로 사용되어 왔고 주로 모발제품에 이용된다. 피부에 대한 거부감이 없으며 흡수성이 좋다.

아보카도유(Avocado oil)

아보카도 열매에서 추출되는 지방유로 피부에 수분과 부드러움을 유지시키며, 다른 천연 오일에 비해 자외선 차단효과가 뛰어나며 피부친화성이 높고, 살균 및 진정 효과 또한 높다. 크림류, 립스틱, 선탠 제품 등 화장품 종류에 다양하게 응용된다.

피마자유(Castor oil)

피마자의 종자에서 추출한 지방유로 점도가 크고 다른 성분들이 잘 결합하도록 가교 역할을 해준다. 색소와 잘 혼합되어 립스틱이나 네일 에나멜에 주로 사용된다.

호호바유(Jojoba oil)

미국 남부와 멕시코 북부의 건조 지역에서 자라는 호호바 열매의 씨로부터 추출하는 오일이다. 옛날부터 원주민들에 의해 피부 치료 등의 약용 목적으로 사용되어 왔다. 공기 중에서의 산화 및 열에 안정하고 피부에 도포시 퍼짐성이 좋아 산뜻하고 부드러운 감촉을 준다.

▶ 동물성 유지

난황유(Egg oil)

계란 노른자위 추출물로 민감한 피부를 위한 제품에 사용되는 유화 성질의 유지로 피부에 일시적인 탄력효과를 제공할 수 있다. 계란에 알레르기가 있는 사람에게는 피부 발진이나 다른 질환의 원인이 될 수 있다.

밍크유(Mink oil)

밍크의 피하지방 조직에서 얻으며 부드럽고 효과적인 유연제로 피부를 부드럽게 하는 효과를 지니고 있다.

왁스(Wax)

왁스는 고급 지방산과 고급 알코올로 이루어진 에스테르 화합물로 곤충, 동물, 장미 같은 식물에서 얻을 수 있고, 일반적으로 상온에서 고체 또는 반고체 상태로 존재한다. 왁스는 피부에 독성이 없지만 그 원료에 따라서 민감한 사람에게는 알레르기 반응의 원인이 될 수 있다.

▶ 식물성 왁스

카르나우바 왁스(Carnauba wax)

카르나우바 잎에서 추출하며 화장품의 성형 제조 및 강도를 높이는데 사용하며, 광택과 내온 안정성을 향상시킨다.

칸데릴라 왁스(Candelilla wax)

칸데릴라 식물에서 추출하였으며, 스틱상 제품의 광택이나 내온성을 향상시킨다.

▶ 동물성 왁스

밀랍(Bees wax)

꿀벌의 집에서 채취한 것으로 가장 오래된 원료 중의 하나이며 콜드 크림의 원료로 사용되었다. 에멀션을 위한 유화제로도 사용되며 크림, 립스틱, 포마드 등에 쓰인다.

라놀린(Lanolin)

양의 털 유도체로 양모에서 정제한 원료로 인간의 피지와 가장 유사한 유성분으로 보습력이 뛰어난 높은 수분흡수력을 가진 유화제이다. 또한 모발 내부의 수분 증발을 방지하는 효과도 있다.

▶ 탄화수소류(Hydrocarbons)

탄소와 수소로 이루어진 화합물로써 화장품에 사용되는 것은 탄소 수가 15개 이상의 포화 탄화수소류인 파라핀계를 사용한다. 석유로부터 채취되기 때문에 광물성 유지라고 부르기도 하며, 유지나 왁스보다 정제하기 용이하고 화학적으로 안정하기 때문에 무색, 무취에 가까운 것을 얻을 수 있고, 쉽게 변질되지 않는 장점이 있다.

유동 파라핀(Liquid paraffins)

탄화수소류 중에서 화장품의 원료로 가장 많이 쓰였으며, 정제가 용이하여 무색, 무취의 것을 얻기 쉽고 화학적으로 안정하여 유성 원료로 다량 사용한다. 석유에서 채취한 파라핀류는 그 점도에 따라 경질과 중질 유동 파라핀으로 구분한다.

경질 파라핀은 세정, 습윤 효과가 강하고 피부에 대한 유연작용이 약하며, 중질 파라핀은 피부 모발에 대한 유연 효과가 강하고 세정, 습윤 효과는 약하다.

스쿠알란(Squalane)

상어 간유에서 추출한 스쿠알란에 수소를 첨가시켜 포화 탄화수소로만 만들었으며 사람의 피지에서도 약 25% 정도 함유되어 있어 피부 지질과 친화성이 높다. 피부에 대한 안정성도 높으며 유성감이 적어 사용감이 좋은 장점을 가지고 있다. 기초 화장품 및 그 외의 화장품의 원료로 사용된다.

세레신 왁스(Ceresin wax),

마이크로크리스탈린 왁스(microcrystalline wax), 바세린(veselin) 파라핀에 비해 분자량 및 경도, 융점 등이 높으며, 밀납의 대체물질로써 사용된다.

▶ 지방산(Fatty acids)

동물성 유지의 주성분으로 유기 화합물들 중에서 산성이 강하여 유기산이라고도 하며, 알킬기(R)가 사슬 모양의 탄화수소로 이루어져 있다.

대체로 화장품에 이용되고 있는 지방산으로 화장품용 유지를 가수분해하여 이것을 압착법 또는 분별증류법에 의해 만들어지며, 석유로부터 합성한 혼합 지방산이 개발되어 이용되고 있다.

스테아린산(Stearic acid)

가장 대표적인 지방산으로 천연으로 가장 다량으로 존재하며 거의 모든 동·식물 지방에 중성 지방인 스테아린으로 들어 있고, 고체형의 동물성 기름과 몇 종류의 식물성 기름에 함유되어 있는 흰색의 지방산이다. 비누를 만들 때 스테아르산 나트륨염이 사용되고, 스테아르산과 팔미트산과의 혼합물은 화장품용 크림, 의약품 등에 대량으로 사용된다.

팔미틴산(Palmitic acid)

동·식물의 지방에서 천연으로 만들어지고 크림, 유액 등에 사용되며, 스테아린산과 같이 대표적인 지방산 유성 원료이다. 특히 녹는점이 낮고 융해성이 좋아야 하는 경우에 사용된다.

올레인산(Oleic acid)

자연계에 존재하는 가장 흔한 지방산으로 동·식물의 유지류에 널리 분포되어 있다. 올리브유 등의 유지류의 주성분으로 크림류, 비누류 등에 사용된다.

미리스틴산(Myristic acid)

코코넛 등의 야자유에서 얻으며 계면활성제로 이용되어 거품성이 풍부하고, 세정성이 좋아 비누류 등의 세정용 화장품에 이용된다.

▶ 고급 알코올

천연 유지에서 얻거나 납, 고급 지방산 또는 석유 등에서 합성하여 얻을 수 있다.

세틸 알코올(Cetyl alcohol)

가장 대표적인 알코올류 유성 원료로 유화 상태를 안정하게 해주는 역할이 탁월하여 유화안정제 및 점도 조정제로 유화제품류에 많이 사용된다.

스테아릴 알코올(Stearyl alcohol)

세틸 알코올과 함께 대표적인 알코올류 유성 원료로 세틸 알코올과 마찬가지로 유화 상태를 안정하게 해 주는 역할이 탁월하여 유화안정제 및 점도조정제로 유화 제품류에 많이 사용된다.

올레일 알코올(Eleyl alcohol)

팜유, 우지의 환원을 통해 얻으며 립스틱의 색재를 녹이는 용제로 사용된다.

미리스틸 알코올(Myristyl alcohol)

야자유에서 얻으며 유화 안정제, 점증제로 사용된다.

▶ 에스테르류

합성 에스테르는 지방산과 알코올의 탈수반응에 의해 합성된다. 천연 에스테르가 가진 장점을 유지하고 단점을 보완하여 합성된 것으로 피부에 유연성을 주고 산뜻한 촉감으로 사용감이 좋아 화장품의 유성 원료로 많이 사용된다. 또한 화장품의 용해제로의 기능도 탁월하다.

이소프로필 팔미테이트(Isopropyl palmitate)

팔미틴산과 이소프로필 알코올에 의해 합성되며, 유성감이 없고 침투성이 좋다.

부틸 스테아레이트(Butyl stearate)

스테아린산과 부틸 알코올에 의해 합성되며 유성감이 거의 없어 사용감이 가볍다.

이소프로필 미리스테이트(Isopropyl myristate)

미리스틴산과 이소프로필 알코올에 의해 합성되며 점성이 매우 작은 액체로 사용감이 가볍고 유성감이 거의 없다.

이소스테아릴 이소스테아레이트(isostearyl isostearate)

점성이 매우 작은 액체로 사용감이 가볍고 피부 침투성이 좋다.

(2) 수성 원료

① 물

화장품 제조의 주요 용매로써 유성 원료와 함께 에멀션을 만드는 유액의 주요 원료이며, 화장품 제조 공정의 희석액이나 세정액으로도 사용된다. 화장품의 원료로 사용되는 물은 증류하여 얻은 물이나 이온교환 수지를 통하여 정제된 불순물이 없는 순수한 물을 사용해야만 한다.

② 에탄올

화장수나 헤어 토닉 등의 액제의 원료로 사용되며 물과 혼합하기 쉽게 하는 장점을 가지고 있으며, 물에 잘 용해되고 유기용매와도 잘 혼합되기 때문에 화장품의 중요한 용매로 사용된다.

무색 투명한 향이 있는 액체로 알코올 특유의 기화성이 강한 성질로 휘발성이 강해 시원한 수렴효과를 가지며 기화성이 강한 특징을 이용해 향수의 용매로 이용된다. 또한 에탄올의 휘발성에 의한 장점이 수분까지 증발시켜서 물이 가지고 있는 기화열을 빼앗음으로써 수렴 효과를 주기 때문에 건성 피부인 경우에는 알코올의 함량이 적거나 무알코올 화장품을 사용하는 것이 좋다.

2. 화장품의 제형

1) 계면활성제

계면이란 기체와 액체, 액체와 액체, 액체와 고체가 서로 맞닿은 경계면을 말하며, 계면활성제란 이런 계면의 경계를 완화시키는 역할을 한다. 이 때문에 계면이 가지고 있던 표면장력은 약해지고 하나의 분자 내에 친수성과 친유성을 가진 화학적 구조를 지니고 있다.

계면활성제는 이런 계면의 경계를 완화시켜 주는 역할을 한다. 쉽게 말해서 물과 기름을 섞어 주는 역할을 하는 물질이다. 세제 용도에 많이 사용되는 것 외에도 식품과, 화장품의 유화제, 보습제로도 많이 사용되고 있다. 또한 대부분의 계면활성제는 인공합성에 의해 만들어진 물질로 지금까지 알려진 종류만으로도 20,000여종에 이르며, 세제, 화장품, 의약품, 식품 및 여러 공업용 첨가제로 응용되어 이용되고 있다.

계면활성제는 약간의 화학구조를 변형시킨 것만으로도 특성이 크게 달라져 종류도 다양하다. 대체로 계면활성제는 물에서 해리되었을 때 친수성 부분의 전하에 따라 음이온성, 양이온성, 양쪽성, 비이온성, 특수 계면활성제로 분류할 수 있다.

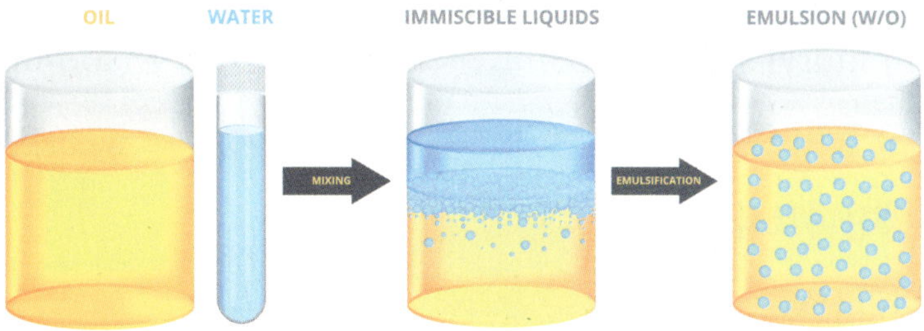

2) 계면활성제의 종류

계면활성제의 종류는 다음과 같다.

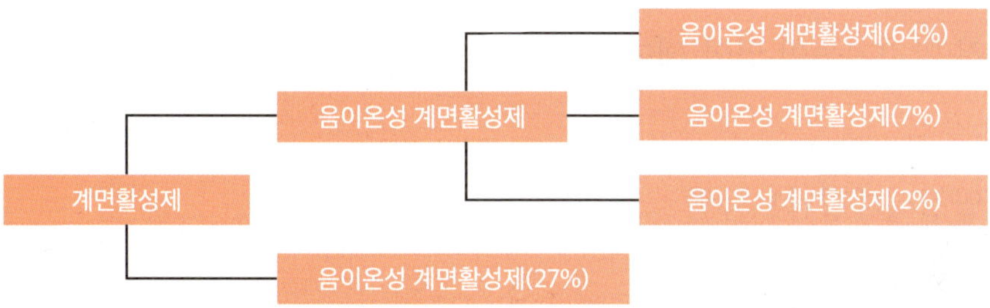

계면활성제의 종류

(1) 음이온 계면활성제

계면활성제가 물속에서 해리될 때 음이온이 되는 것으로 친수기로 카르복시산염, 술폰산염 또는 인산염 구조를 가진 것이 많다. 카르복시산염계로 비누의 주성분인 지방산 나트륨이나 술폰산염계로 합성세제에 많이 사용되는 알킬벤젠술폰산 나트륨과 Polyacrylamide, 전기영동에 이용되는 로릴 황산 나트륨(sodium lauryl sulfate, SLS) 또는 도데실 황산나트륨(sodium dodecyl sulfate, SDS) 등이 있다.

- 비누(지방산나트륨)
- 모노알킬황산염
- 알킬폴리옥시에틸렌 황산염
- 알킬벤젠술폰산염
- 모노알킬인산염

(2) 양이온 계면활성제(양이온 계면활성제)

계면활성제가 물속에서 해리될 때 양이온이 되는 것으로 살균작용이 있으며, 대전 방지기능이 있어 헤어 린스, 트리트먼트 등에 사용된다.

- 디알킬디메틸암모늄염
- 알킬벤질메틸암모늄염

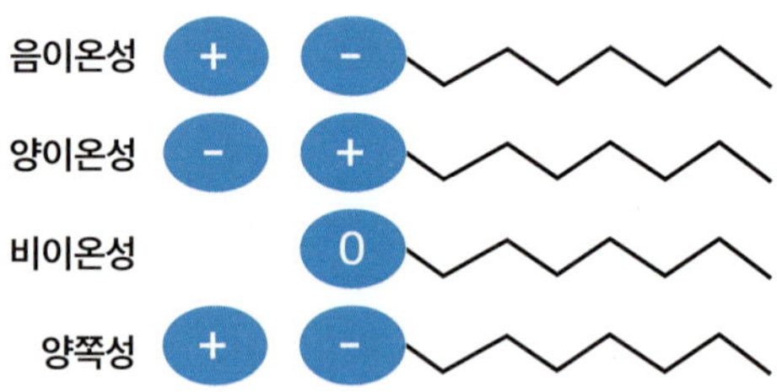

계면활성제의 종류

(3) 양쪽성 계면활성제

분자 내에 음이온 가능 부위와 양이온 가능 부위를 모두 가지고 있기 때문에, 용액의 pH에 따라 양이온 혹은 음이온이 된다. 피부 자극이 적으면서 세정능력을 가지고 있어 유아용 샴푸에 이용된다.

- 알킬설포베타인
- 알킬카르복시베타인

(4) 비이온성 계면활성제

친수부가 비전해질, 즉 이온화하지 않는 친수성 부분이 있는 것으로 알킬글리콜 같은 저분자 계열 또는 폴리에틸렌 글리콜과 폴리비닐 알코올과 같은 고분자계가 존재한다. 또한 거품성이 작고, 낮은 농도에서도 계면활성의 역할을 하는 장점이 있으며, 피부 자극이 적어 유화제품에 가장 많이 사용된다.

- 폴리옥시에틸렌알킬에테르 $RO(CH_2CH_2O)mH$
- 지방산 솔비탄에스테르
- 지방산 디에탄올아민 $RCON(CH_2CH_2OH)_2$
- 알킬모노글리세릴에테르 $ROCH_2CH(OH)CH_2OH$

3) 계면활성제 특성

(1) HLB(Hydrophilic Lipophilic Balance)

HLB값이란 계면활성제가 물과 기름에 대한 친화성 정도를 나타내는 값으로, 에틸렌옥사이드(EO)가 부가된 계면활성제에 대해 값을 부여한 것이다. HLB값은 0부터 20까지 있으며, 0에 가까울수록 친유성이 좋고, 반대로 20에 가까우면 친수성이 좋다.

계면활성제의 종류가 많아 사용 목적에 맞는 계면활성제를 찾고자 하는 요구에 맞춰 1949년 아틀라스 파우더 회사의 윌리엄 그리핀이 제안한 개념이다.

[표 2-3] 계면활성제 HLB값과 용도

HLB 범위	화장품에의 용도	예
1.5-3	소포제	
4-6	W/O 유화제	주로 Sun-care 제품
7-9	Wetting agent	파우더
8-18	O/W 유화제	로션, 크림
13-15	세정제	세제
15-18	가용화제	스킨류

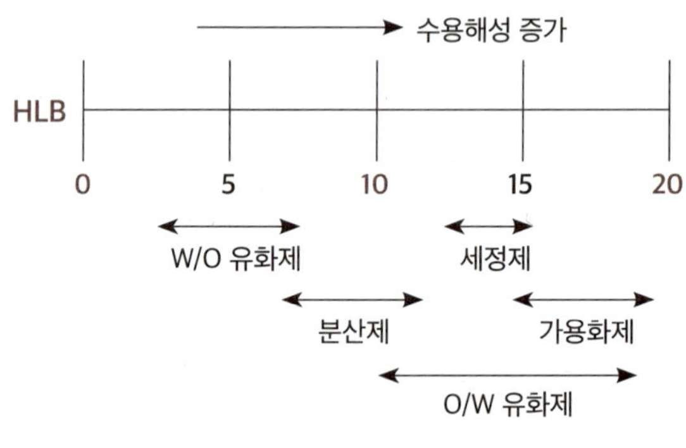

(2) 미셀(Micelle)

계면활성제는 미셀을 형성시키는데, 미셀(micelle)이란 분자들이 농도가 낮은 수용액에서 자유롭게 존재하다가 농도가 높아짐에 따라 서로 모여 자발적인 회합체로 되는 것을 말한다. 그 구조는 내측에 친유기를, 외측에는 친수기를 향하게 하여 둥근 형태의 입자를 형성시키며 구상 미셀, 봉상 미셀, 층상 미셀 등 여러 가지 형태가 있으며, 이는 계면활성제의 형태나 농도 외에 다른 각종 조건에 따라 변한다. 미셀이 형성되기 시작하는 계면활성제의 농도를 임계 미셀농도(critical micelle concentration, CMC)라 하고, 이 농도에서 계면활성제로서의 성질을 지닌다.

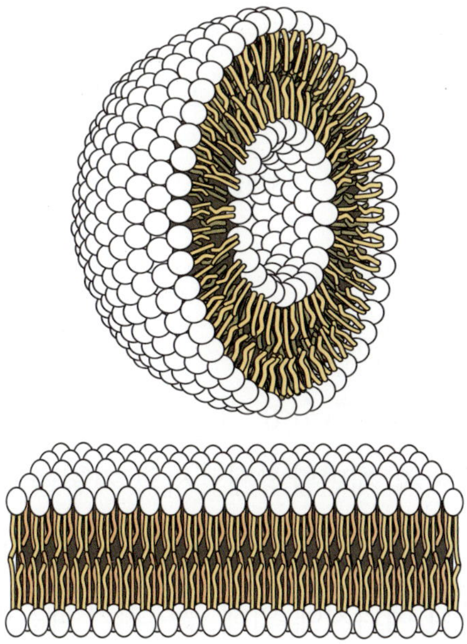

(3) 임계미셀농도(CMC, Critical Micelle Concentration)

미셀이 막 생성되기 시작할 때 계면활성제의 농도를 임계미셀농도라고 부른다. 이 임계미셀농도를 경계로 그 이전의 농도에서는 계면활성제로써 아무 역할을 할 수 없다. 이 농도를 넘어서면서 용액은 표면장력, 응고점, 세정력, 탁도 등의 물리화학적 성질이 변하게 된다.

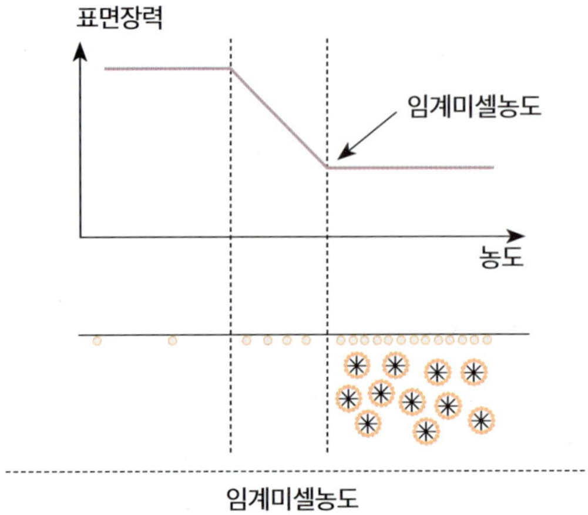

(4) 하부임계온도(Cloud point)

폴리에틸렌글리콜(PEG)을 친수성 작용기로 하는 비이온성 계면활성제가 물에 대한 용해도가 떨어져 계면활성제로서의 기능을 잃고 탁한 상태로 되면서 분리되는 온도이다. 이는 폴리에틸렌글리콜의 산소와 물과의 수소결합이 온도 상승에 따라 증가된 에너지에 의해 끊어지기 때문에 나타나는 현상으로, 하부임계온도 이하의 온도로 낮출 경우 다시 용해되어 투명한 액체로 바뀐다.

이 하부임계온도의 측정은 활성제의 품질관리 지표에서 자주 사용된다.

(5) 크래프트점(Kraft point)

이온성 계면활성제는 임계미셀농도(CMC)와 같아지는 온도에서 물의 용해도가 급격히 증가하게 된다. 이는 임계미셀농도(CMC)에서 미셀을 생성하기 때문인데, 이 온도를 크래프트점(kraft point)이라 하며, 세정제의 경우 크래프트점 이하에서 사용하면 세정효과가 나타나지 않는다.

(6) 계면활성제의 안전성

- 분자량 300~600 부근이 자극이 크다.
- 비이온성 계면활성제가 이온성 계면활성제보다 자극이 적다.
- 계면활성 성능이 높을수록 자극이 높아질 가능성이 많다.
- 친유기에 벤젠 구조를 가질 때 자극이 높다.
- HLB 10 부근에서 자극이 가장 높다.
- POE(polyoxyethylene) 분포가 넓을수록 자극이 높을 가능성이 많다.

PART 3

기초 화장품

1. 기초 화장품의 개요

1) 기초 화장품의 원리 및 성분

(1) 가용화

계면활성제와 같은 물질의 존재에 의해 물에 잘 녹지 않는 물질의 용해도가 증가하는 현상을 가용화(可溶化, solubilization)라고 한다. 물에 용해되지 않는 오일이 계면활성제의 미셀 안에 용해되어 투명하게 보이는 상태를 말한다.

이때 이 미셀의 크기는 가시광선의 파장(400~800nm)보다 작아서 빛을 그대로 투과시키므로 투명한 상태로 보인다. 또한 유용성 비타민이나 호르몬 등을 가용화하여 수용성으로 바꾸거나 페놀류 등 살균제와 혼용하여 효과를 증가시키는 방법, 에멀션 중합을 촉진하는 방법 등이 널리 응용된다.

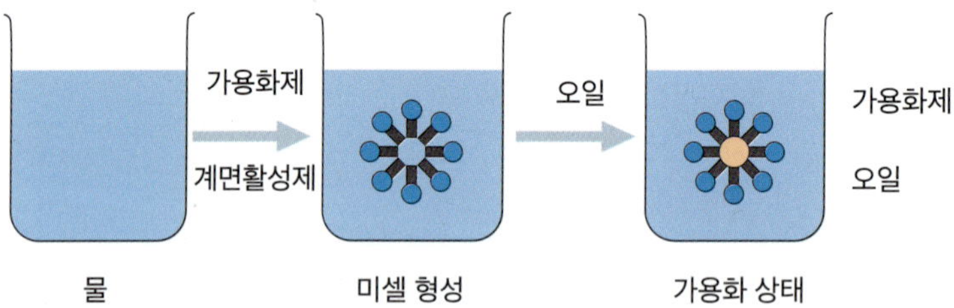

가용화의 원리

(2) 유 화

유화(乳化, emulsion)란 서로 섞이지 않는 두 액체상의 분산 상태를 말한다. 융합되지 아니하는 두 가지의 액체에 계면활성제를 넣어서 섞고 한쪽의 액체를 다른 쪽의 액체 가운데에 분산하여 유제(乳劑)를 만드는 조작이다. 즉, 물과 같은 액체 중에 서로 섞이지 않는 오일 같은 액체를 0.1~수십 μm의 작은 입자상태로 균일하게 분산시킨 것이다. 이 유화를 도와주기 위해 계면활성제를 넣어준다. 유화의 입자 크기는 가시광선의 파장보다 커서 빛을 통과시키지 못하고 산란시키기 때문에 유화제품이 뿌옇게 백탁화되어 보인다.

에멀션은 형태에 따라 O/W형, W/O형, O/W/O형, W/O/W형으로 나뉜다. 물에 오일 성분이 섞여 있는 형태의 O/W 에멀션, 오일에 물이 섞여 있는 형태의 W/O형 에멀션이 있다. O/W/O형, W/O/W형 에멀션은 다중 에멀션이라고 하는데, 오일에 O/W 에멀션을 섞은 형태를 O/W/O형 에멀션이라 부르며, W/O/W형 에멀션은 물에 섞은 형태이다.

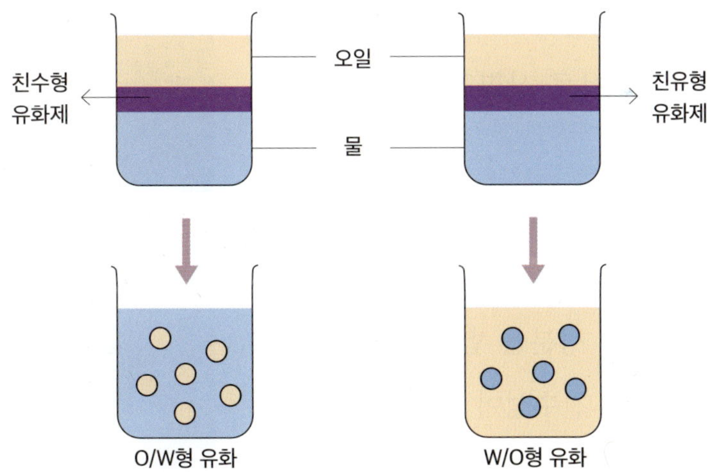

에멀젼의 형태

2) 기초 화장품 성분학

화장품의 원료로는 유지류(oil&fats), 왁스류(wax), 하이드로카본류(hydrocarbon), 고급 알코올(higher alcohol), 고급 지방산(higher fatty acid), 에스테르류(exter), 실리콘류(silicones), 보습제, 계면활성제, 폴리머류(polymers), 자외선 흡수제, 산화방지제, 보존제 등이 있다.

(1) 유지류(Oil & Fats)

고급 지방산과 글리세린의 트리글리세라이드를 말하며, 에몰리언트 효과, 피부친화력, 피부 영양 공급 등의 기능을 가지고 있다.

① 홍화씨 오일(Safflower oil)

리놀산을 많이 함유하고 있어 식용으로 많이 사용되며, 건성유로 산화안정성이 떨어진다.

② 피마자 오일(Castor oil)

살균작용을 하는 성분을 함유하고 있으며, 다른 유지에 비하여 친수성이 높다.

③ **마카데미아너트 오일**(Macadamia nut oil)

피부와의 친화성과 감촉이 우수하다.

④ **해바라기 오일**(Sunflower oil)

생리활성이 높은 토코페롤을 다량 함유하고 있으며, 해바라기 열매에서 추출한다.

⑤ **스위트 아몬드 오일**(Sweet Almond oil)

비타민 A, 비타민 B, 미네랄을 풍부하게 함유하여 피부 유연 및 탄력, 보습력이 우수하다. 가벼운 화상, 염증에 대한 피부 진정작용이 있다.

⑥ **포도씨 오일**(Grape seed oil)

칼슘, 칼륨, 비타민 A, 비타민 B와 철분을 풍부하게 함유하고 있다. 피부의 해독, 살균효과를 지니고 토코페롤을 많이 함유하고 있어 산화 안정성이 우수하다.

(2) 왁스

실온에서는 고체상으로 존재하며 에몰리언트 효과를 가진다. 유화제품의 점도조절제로 사용된다.

① 카나우바 왁스(Carnauba wax)

광택 부여와 내온성 향상을 위해 사용한다. 브라질산 카나유바 야자나무의 잎에서 추출된다.

② 호호바 오일(Jojoba oil)

화양목과의 호호바(simmondsia chinensis) 씨앗에서 추출한 오일로 피부를 매끈하고 유연하게 하는 보호효과가 있으며, 로션, 보습제, 모발제품 등에 사용된다.

③ 라놀린(Lanolin)

자연 환경으로부터 양을 지켜 주는 방어막 역할을 하는 라놀린은 양피에서 분비되어 양털에 배게 되는데, 매년 양털을 깎을 때 추출, 정제하게 된다. 유화제로서 피부의 수분 손실을 방지, 발꿈치와 팔꿈치의 각질 제거 등에 효과가 있으며 건성피부에 효과적이다.

(3) 하이드로카본류(Hydrocarbons)

석유 유래의 유동 파라핀, 파라핀, 바세린 등이 있고 동·식물 유래의 스쿠알렌 등이 있다.

① 스쿠알렌(squalane)

② 파라핀 왁스(paraffin wax)

③ 마이크로크리스탈린 왁스(microcrystalline wax)

④ 바세린(vaseline)

⑤ 유동 파라핀(liquid paraffin)

(4) 고급 알코올(Higher alcohol)

① 라우릴 알코올(Lauryl alcohol)

야자유, 팜핵유의 환원을 통해 얻으며, 세정제의 점증제, 유화안정제, 착향제로 사용된다.

② 미리스틸 알코올(Myristyl alcohol)

야자유, 팜핵유의 환원을 통해 얻으며, 유화안정제, 에몰리언트제, 점증제로 사용된다.

③ 세틸 알코올(Cetyl alcohol)

팜유, 우지의 환원을 통해 얻으며, 성능이 우수한 유화안정제, 점도조정제로 유화제품에 많이 사용된다.

④ 스테아릴 알코올(Stearyl alcohol)

성능이 우수한 유화안정제, 점도조정제로 유화제품에 많이 사용된다.

⑤ 올레일 알코올(Oleyl alcohol)

무색~담황색의 투명한 액체로 헤어 케어의 에몰리언트제, 립스틱 염료의 용해제로 쓰인다.

(5) 고급 지방산(Higher fatty acid)

천연 유지, 밀납 등에 포함된 에스테르 화합물을 분해하여 얻는다.

① 라우릭산(lauric acid): 화장비누, 세안류에 사용된다.

② 미리스틱산(myristic acid): 기포성, 세정력이 우수하며 화장비누, 세안류에 사용된다.

③ 팔미틱산(palmitic acid)

④ 스테아릭산(stearic acid)

⑤ 베헤닉산(behenic acid)

⑥ 올레익산(oleic acid)

(6) 에스테르류(Esters)

에스테르는 지방산과 알코올의 탈수반응에 의해 얻는 화합물로 화장품의 원료로 많이 사용된다.

- 피부의 유연성, 번들거림이 없고, 가볍고 산뜻한 촉감 부여
- 화장품 원료의 극성 성분과 비극성 성분과의 상호 용해성이 우수하다.
- 유효 성분의 용해 보조제, 무기분체의 분산제로서의 기능을 가지고 있다.

① **이소프로필 팔미테이트**(Isopropyl palmitate)

무색, 무취의 투명한 액체로 유성감이 거의 없고, 침투성이 우수하다.

② **에틸 올레이트**(Ethyl oleate)

가볍고 산뜻한 촉감을 가지고 있다.

③ **이소프로필 미리스테이트**(Isopropyl myristate)

무색의 저점성 액체로 사용감이 가볍고, 유성감이 거의 없다.

④ **프로필렌글리콜 디카프리레이트**

무색~담황색의 저점성 액체로 사용감이 가볍다.

⑤ **이소스테아릴 이소스테아레이트**(lsostearyl isostearate)

무색~미황색의 저점성 액체로 사용감이 가볍고, 피부침투성이 우수하다.

(7) 실리콘류(Silicones)

내수성이 강하고, 끈적임이 없는 가벼운 사용감을 지니고 있으며, 피부와 모발에 대한 퍼짐성이 우수하다.

① **디메치콘**(Dimethicone)

분자량에 따라 점성이 다양하며, 점성이 높을수록 원료와의 상용성이 나쁘며, 가벼운 사용감 부여와 유분의 끈적거림을 억제시켜 준다.

② 사이클로메치콘(Cyclomethicone)

유성 성분과의 상용성이 우수하여 널리 사용된다.

(8) 계면활성제

계면활성제는 한 분자 내에 기름을 좋아하는 친유기와 물을 좋아하는 친수기가 함께 존재하는 물질로써, 기름과 물의 경계면을 활성화시켜 그 경계면의 성질을 변화시켜 주는 물질이다. 계면활성제는 유화제, 분산제, 가용화제로 사용된다.

(9) 보습제

흡습성이 높은 수용성 물질로 피부에 수분을 공급하는 기능 외에 화장품 자체의 수분보유제이다.

① 에몰리언트(Emollient)

피부 내의 수분이 외부로 손실되지 않게 하여 피부의 보습을 유지시켜 주는 물질이다.

② 모이스처라이저(Moisturizer)

성분 자체가 수분을 함유하고, 이를 피부에 공급시켜 피부 보습을 유지시켜 주는 제품이다. 폴리올(polyol)과 히아루론산 등의 뮤코 다당류가 진피 내에서 보습의 역할을 한다.

③ 천연보습인자(NMF: Natural Moisturizing Factor)

피부의 보습에 중요한 역할을 담당하는 물질로 아미노산, PCA, 요소, 젖산염, 글루코사민, 구연산염, 당, 펩티드 등이 있다.

④ 휴멕턴트(Humectant)

외부의 수분을 흡수하여 피부 보습작용을 하는 물질로 글리세린, 프로필렌 글리콜, 부틸렌 글리콜 등이 있다.

▶ 글리세린(Glycerin)

보습제로 가장 많이 사용되며, 무색의 점성을 지닌 액체로 천연 글리세린과 합성 글리세린이 있다.

▶ 프로필렌 글리콜(Propylene glycol)

무색 투명한 액체로 극성물질에 용해성이 우수하며, 방부효과를 가지고 있다. 유연제, 보습제로 사용된다.

▶ 1,3-부틸렌글리콜(1,3-Butylene glycol)

무색 투명의 점성을 가진 액체로 끈적임이 적고 항균성을 가지며 화장품에 많이 사용된다.

▶ 디글리세린(Diglycerin)

무색~담황색의 점성을 가진 액체로 보습제, 향료의 보유제로 사용된다.

▶ 폴리글리세린(Polyglycerin)

무색 반투명의 점성을 지닌 액체로 보습제, 세정제의 포안정화제로 사용된다.

(10) 폴리머(Polymer)

점증제, 피막제, 수지 분말로 주로 이용되며, 보습제와 계면활성제로도 사용된다.

① 점증제

점도를 유지하거나 제품의 안정성을 유지하고 사용하는 고분자로 대체로 수용성이 많다.

▶ NA-CMC(Sodium Carboxymethyl Cellulose)

물에 용해하도록 한 반합성 고분자로 유화안정성을 지닌 투명한 점성 용액을 형성한다.

▶ Carbomer(Carboxyvinyl polymer)

점성이 높은 투명한 겔을 형성하며, 점도 증가효과가 우수하며, 미생물에 대한 오염이 천연검보다 적어 가장 많이 사용된다.

▶ Quince seed gum

유럽과 아시아 남부에서 생산되는 나무의 종자에서 얻어지는 천연검으로 끈적이지 않고 산뜻한 감촉을 가지고 있다.

▶ Xanthan gum

껌의 주된 원료이기도 하며, 점증제 및 안정제로 사용되는 성분이다.

② 피막형성제(Film former)

팩과 헤어 스프레이 등에 쓰이는 폴리비닐알코올(PVA), 폴리비닐피롤리돈(PVP) 등이 있다.

▶ 폴리비닐알코올(PVA)

피막형성능을 가지고 있고 주로 팩에 사용하며 폴리초산비닐을 비누화하여 제조한다.

▶ 폴리비닐피롤리돈(PVP)

피막형성능, 부착성을 가지고 있어 샴푸, 헤어 세팅제 등에 사용된다.

▶ 니트로셀룰로오스(Nitro cellulose)

단단한 피막을 형성시키므로 네일 에나멜의 피막제로 사용된다.

(11) 산화방지제

저급산 및 알데히드 등은 산패로 인하여 악취 및 제품의 안정성을 저해시킨다. 특히 불포화 결합을 가지고 있는 화합물은 산패되기 쉬워 이러한 산화를 방지하기 위해 다음과 같은 성분을 첨가시켜 준다.

① **토코페릴아세테이트**(Tocopheryl acetate)

비타민E 유도체로 황색의 투명한 점성 액체이다. 식물유에는 섞이나 물에는 용해되지 않는다. 말초신경 확장 작용, 혈행 촉진 작용, 피부노화 방지 작용이 있다.

② BHT(Dibutyl hydroxy toluen)

내열성이 우수하여 산화방지에 널리 사용되며 무색 또는 백체의 결정 분말이다.

③ BHA(Butylated hydroxy anisol)

무색 또는 담황색의 결정 분말로 유지에 대한 강한 산화 방지효과가 있다.

④ Disodium EDTA

백색의 결정 또는 결정 분말로 킬레이트 작용, 산화 방지 작용, 변색 방지 작용, 비타민 C, 살균 작용 등을 가지고 있다.

(12) 금속이온 봉쇄제

물에 포함되어 있는 금속이온을 불활성시키기 위해 사용되는 원료이다. 금속이온은 유성 원료의 산화를 촉진시켜 변색, 변취의 원인이 되며 투명한 제품의 경우 침전의 원인이 된다. 이러한 이유로 금속이온 봉쇄제를 첨가시킨다.

① EDTA, Disodium EDTA, Trisodium EDTA, Tetrasodium EDTA

백색의 결정성 분말로 금속이온에 의한 침전을 방지하기 위해 화장수와 유화제품에 사용되며 물에는 용해되지만 에탄올에는 용해되지 않는다.

② Sodium citrate

무색과 백색의 결정성 분말로 금속이온에 의한 침전을 방지, 산화방지를 위해 사용되며 pH의 완충제로도 사용된다.

(13) 살균 및 방부제

방부 목적으로 사용되는 약물로 미생물의 증식, 부패균의 발육을 억제하거나 살균 작용을 한다. 세균과 곰팡이는 화장품의 품질에 커다란 영향을 미친다. 오염원으로 원료, 제조자, 제조설비, 제조환경, 제품 용기, 공기 중 노출된 피부에 의한 2차적인 오염이 발생하며, 이들로부터 청결하고 무균적인 관리를 하기 위해서 살균 및 방부제가 필요하다.

최근에는 살균, 방부제의 피부 유해성 문제로 인해 다가알코올이나 식물 추출물을 활용한 방부체계와 특수 용기를 활용한 무방부제 제품이 지속적으로 연구 적용되고 있다.

① 살리실산(Salicylic acid)

일반적인 세균, 진균에 대한 발육 억제 작용이 있으며, pH에 따라 효력이 다르다.

② 파라벤류(Paraben)

무색 또는 백색의 결정으로 에탄올, 프로필렌글리콜에 용해되나 물과 글리세린에는 용해되지 않는다. 넓은 범위의 미생물 억제에 유효하다.

③ 트리클로산(Triclosan)

백색 결정성 분말이며 알코올, 프로필렌글리콜에는 용해되지만 물과 글리세린에 용해되지 않으며, 저농도에서 그람양성, 음성균 곰팡이에 대해서 효과적이다.

④ 페녹시에탄올(Phenoxyethanol)

무색 및 담황색의 투명한 액체로 살균력을 가지고 있으며, 파라벤류와 조합하여 사용하면 효과적이다.

⑤ 이미다졸리디닐우레아(lmidazolidinyl urea)

무미, 무취의 백색 분말로 물과 글리세린에 용해되며 살균 작용을 가지고 있으나 진균 작용이 없어 파라벤류와 병용하여 사용한다. 10℃ 이상 온도에서 포름알데히드를 발생시키는 문제점을 가지고 있다.

2. 기초 화장품의 정의 및 사용 목적

기초 화장품이란 신체의 겉표면인 피부를 깨끗하게 하는 동시에 피부의 피지막이 해주는 보호기능을 유지할 수 있도록 도와주며, 보충해 줄 수 있는 역할을 담당하는 화장품의 종류라고 볼 수 있다. 즉, 피부가 항상 아름답고 건강한 상태를 유지할 수 있도록 보호해 준다.

기초 화장품을 사용하는 목적은 피부의 청정 작용, 수분 공급에 의한 보습 작용, 피부 보호를 위한 유·수분 균형 작용, 영양물질 공급에 의한 피부의 신진대사 촉진 작용, 혈액순환의 촉진 및 피부 재생을 위한 신진대사의 촉진 작용 등이 있다. 이에 최근에는 환경적인 요인 및 스트레스 등에 의한 피부 트러블이 발생하는 경우가 많은 관계로 이들로부터 피부를 보호할 수 있는 기초 화장품의 역할이 대두되고 있으며, 특히 고기능성을 갖는 기초 화장품의 종류 및 기능도 다양해지고 있는 추세이다.

피부는 연령이나 외적 요인, 정신적인 스트레스, 수면 부족 등에 의해 신진대사가 저하되어 피부의 밸런스를 잃게 된다. 기초 화장품은 밸런스가 무너진 피부 상태를 정상적인 상태가 되도록 도와주고 유지시켜 준다. 또한 기초 화장품으로 세정 작용, 보호 작용, 정돈 작용 등이 가능하다.

1) 세정 작용

피부 표면의 오염이나 노폐물, 장기간 축적된 메이크업 잔유물 등을 깨끗이 씻어서 청결하게 하고, 피부의 정리기능을 도와준다. 이런 세정 작용을 가진 제품으로는 세안비누, 클렌징 폼, 클렌징 로션, 클렌징 크림, 팩 등이 있다.

2) 정돈 작용

세정 작용으로 잃었던 NMF(Natural Moisturizing Factor) 성분이나 피지 분비 성분을 보충하는 작용, 세정제에 의해 약알칼리성으로 기울어진 피부를 본래의 약산성으로 만드는 작용, 마사지 등을 통하여 피부의 혈행 작용을 촉진시켜 피부 생리기능을 정상으로 만드는 작용 등이 있다. 화장수, 마사지 크림 등의 제품이 있다.

3) 보호 작용

피지 성분과 수분을 보호하여 외적 자극(건조, 습도, 바람, 자외선)으로부터 피부를 지켜 주고 약해지는 것을 방지하여 건강한 상태로 유지시키는 작용이다. 로션, 크림, 에센스 등의 제품이 있다.

3. 기초 화장품의 분류

1) 세안제품

피부에서 분비되는 피지와 땀에 의한 오염물, 메이크업의 잔여물을 제거시켜 주는 제품으로, 세안비누, 클렌징 폼, 클렌징 로션, 클렌징 크림, 클렌징 워터 등이 있다. 메이크업으로 인한 잔여물은 피부의 모공을 막고 이로 인해 피부가 거칠어지고, 피지 분비의 장애를 일으켜 여드름, 각질이 생기는 원인이 된다.

(1) 비누

비누는 지방산의 나트륨염으로 물에 녹으면 알칼리성을 띤다. 약산성인 피부는 비누 세안에 의해 약알칼리성으로 변화하며 잘 헹구면 피부는 본래의 약산성 피부로 돌아가지만 사람에 따라 차이가 나타날 수 있다. 풍부한 거품과 산뜻한 감촉을 주는 반면에 사용 후 당기는 느낌을 주지만, 건성이나 민감성 피부인 사람은 사용을 자제하는 것이 좋다.

(2) 클렌징 크림

유분이 많이 함유된 메이크업이나 피지 분비에 의한 노폐물이 많을 때 사용하기 적당한 제품으로 유분함량이 높아 지성피부 타입에는 사용을 자제하는 것이 좋다. 오일에 의한 끈적임이 있어 사용 후 클렌징 폼으로 다시 한 번 세안하여 피부의 청결함을 유지시켜 준다.

(3) 클렌징 로션

클렌징 크림보다는 유분 함량이 낮아 피부에 부담이 적고, 산뜻하여 끈적임도 적다. 클렌징 크림에 비해 세정력이 떨어지므로 얇은 화장을 지울 때 적합한 제품이다. 클렌징한 후 클렌징 폼으로 물세안을 하여 피부의 청결함을 유지시켜 준다.

(4) 클렌징 워터

오일 성분이 없는 세안제로 산뜻하고 가벼운 사용감을 가지고 있으며 지성피부에 적합하다. 유성 성분에 대한 세정능력이 약해 다른 클렌징 제품과 병행하여 사용하는 것이 좋다. 포인트 메이크업의 클렌징으로 많이 적용하고 있다.

(5) 클렌징 폼

비누의 단점인 피부의 당김을 제거한 제품으로 적은 양으로도 풍부한 거품을 형성시켜 주며, 피부 자극이 대체로 적다. 클렌징 크림이나 클렌징 로션을 사용하여 1차 클렌징 후 사용하는 것이 좋으며 모든 피부에 사용한다.

(6) 클렌징 오일

유성성분을 많이 포함한 메이크업에 가장 강한 세정력을 가지고 있으며, 피부 침투성이 좋아 땀이 나 피지에 강한 화장도 깨끗이 닦아주는 장점이 있다. 오일 성분으로 인한 끈끈함이 남아 있는 단점이 있으나 세안 후 당기는 정도가 심한 건성피부 타입에 적당한 제품이다.

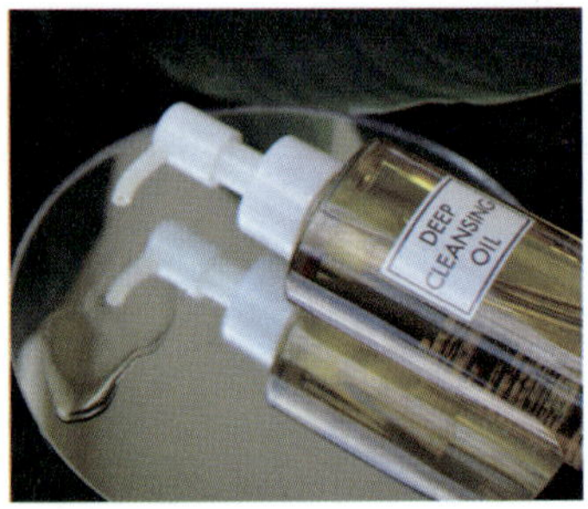

(7) 스크럽이 함유된 클렌징

작은 알갱이가 포함된 제품으로 클렌징 로션, 클렌징 크림, 클렌징 폼 등에 사용하며, 스크럽은 노폐물 제거, 혈액순환 촉진에 의한 마사지 효과, 각질 제거효과 등에 도움을 준다. 스크럽에 의한 피부 마찰에 의해 피부에 자극을

줄 수 있으므로, 피부가 민감한 사람은 사용하지 말아야 한다.

2) 화장수

세안 후 피부 정리 및 유·수분을 보충시켜 주는 제품으로 화장수는 각질층에 천연 보습인자(NMF)를 보충하여 피부 본래의 상태로 되돌려 준다. 화장수는 세안제에 의해 약알칼리성으로 변한 피부의 pH를 본래의 상태인 약산성으로 회복시켜 준다.

(1) 기본 원료

화장수의 기본 원료는 정제수, 보습제, 알코올(에탄올)을 주성분으로 하고, 부성분으로 향료, 착색료, 방부 살균제, 자외선 흡수제 등이 배합되어 있다. 화장수의 특성 및 목적에 따라 유성 원료, 각질연화제, 증점제 등이 배합되기도 한다.

화장수의 전체의 30~70%를 정제수가 차지하고, 에탄올은 각종 성분을 용해시켜 주는 용제이며, 알코올 특유의 기화 및 휘발성에 의해 수렴 작용을 하여 피부에 청량감을 제공해 준다.

(2) 종 류

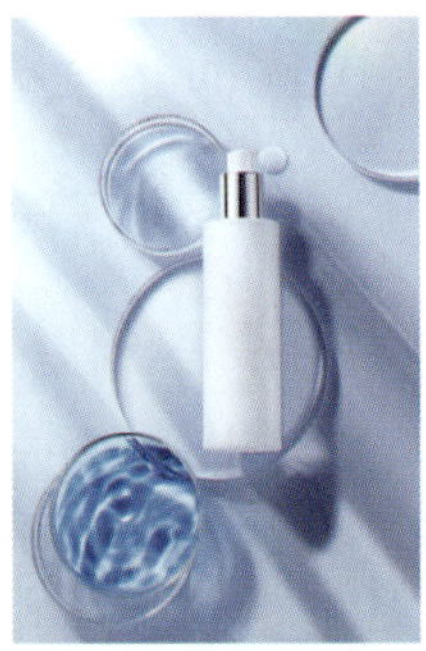

① **유연화장수**(Skin softner)

가장 일반적인 화장수로 피부에 적당한 수분을 공급하여 보습효과를 주는데 중점을 두고 있으며, 피부결을 정돈하고 매끄럽게 한다.

피부 타입에 맞추어 사용하도록 하며 지성용, 건성용, 복합성용 등으로 나뉘고 이는 보습제의 양과 피부에 유연성을 부여하기 위해 유성 원료의 함량, 에탄올의 함량 등에 의해 주로 구분된다.

② 수렴화장수(Skin toner)

수렴작용에 의해 일시적으로 피부 모공을 수축시켜 땀, 피지의 과도한 분비를 억제하는 효과를 갖는 수렴제를 배합한 화장수로 지성피부 또는 여름철에 알맞은 화장수로 청량한 사용 감촉과 피부 조직을 정돈하는데 효과가 있다. 아스트리젠트(astringent)라고도 하며 각질층에 수분을 공급하고 다소 많은 알코올 함량에 의해 청량감, 소독작용 및 피지의 과잉 분비 억제 작용이 있는 제품이다.

3) 에멀션(Emulsion)

유분과 수분의 적절한 배합으로 유분 및 수분을 공급하여 피부의 균형을 유지시켜 주는 에멀션은 특성화된 배합제에 따라 영양물질 등을 공급하여 피부의 신진대사를 촉진시킨다.

화장수와 크림의 중간적 성질로 크림에 비해 수분량이 많아 피부에 얇고 부드럽게 도포되어 스며들며 산뜻한 사용감을 줄 수 있고, 화장수에 비해 유분량이 많아 피부에 도포 시 밀착감이 좋고 부드러우며 얇은 유막을 형성하여 유·수분 이탈을 방지하고 피부를 보호해 준다.

에멀션은 로션(lotion)이라고도 하며, 부족한 수분과 유분을 공급하여 매끄럽고 탄력 있는 피부로 가꾸어 주며 제품마다 유분함량이 다르므로 자신의 피부 타입에 알맞은 것을 선택해야 한다. 피부 타입에 따라 건성 피부용, 중성 피부용, 지성피부용, 복합성 피부용, 민감성 피부용으로 구분된다.

4) 크림(Cream)

피부 표면에는 피지막이 있어 수분 및 유분이 이탈되어 피부가 건조해지고 약해지는 것을 막아주고, 외부 환경으로부터 피부를 보호해 준다. 이러한 피지막은 피지와 수분으로 이루어진 천연보습인자(NMF)라 하겠다. 요즘에는 환경적인 요인, 잦은 세안 등으로 인해 피지막이 손실되는 경우가 많으며 피부 자체의 피지막 보호기능이 약해진 경우 피부가 건조해지고 약해지는데, 이러한 피지막의 역할을 대신해 주는 것으로 기초 화장품 중에서 대표적으로 크림류를 들 수 있다.

수분이 부족하면 피부가 메마르고 당기며, 잔주름과 피부 탄력이 저하되고 유분이 부족하면 피부 표면에서 수분이 증발해 피부의 탄력이 저하되기도 하며, 외부 자극에 대한 저항력이 약화되어 피부 트러블의 원인이 되기도 한다.

크림은 피부에 충분한 수분과 영양을 공급하여 피부 탄력, 수분 보호막의 기능을 해주고 피부의 영양에 도움을 준다.

그 종류로는 데이 크림(day cream), 나이트 크림(night cream), 영양 크림(nourishing cream) 등이 있고, 각각의 기능에 따라 핸드 크림, 마사지 크림, 클렌징 크림, 미백 크림, 주름 개선 크림, 아이크림, 선크림 등으로 분류된다.

5) 에센스(Essence)

에센스는 피부에 탁월한 효과가 있는 미용 성분을 농축시킨 제품으로 유럽에서는 세럼(serum)이라고 부른다. 크림에 비해 사용감이 산뜻하며 흡수력도 우수하여 적은 양으로도 효능을 볼 수 있으며, 효능과 제형을 다양하게 할 수 있다. 에센스의 주요 효과는 보습, 피부보호, 영양 공급 등이며, 젤 타입, 로션 타입, 크림 타입 등의 제형으로 구분된다.

6) 팩(Pack)

팩(pack)은 '포장하다'라는 말에서 기인한 것으로 얼굴 및 피부 위에 팩제를 도포하여 미용효과를 얻는 것으로, 일시적으로 외부 공기와의 접촉을 차단

함으로써 피부 위의 온도가 상승되어 피부 신진대사를 활발하게 해준다. 이로 인하여 피지 등의 노폐물이 분비되어 모공 속의 노폐물 및 각질을 제거하여 피부를 청결하게 해준다. 팩은 크게 필 오프 타입(peel off type), 워시 오프 타입(wash off type), 시트 타입(sheet type) 등이 있다.

(1) 필 오프 타입(Peel off type)

도포된 팩제가 필름막을 형성하면서 제거되는 타입으로 팩이 건조되는 동안 피부를 조여주는 효과가 있어 피부에 탄력을 부여해 주는 장점이 있다. 또한 피막형성제, 점증제 등이 배합되어 있으며, 피지와 각질의 과도한 제거로 자극이 있을 수 있으므로 민감한 피부나 심한 여드름 피부에는 사용을 자제하는 것이 좋다.

(2) 워시 오프 타입(Wash off type)

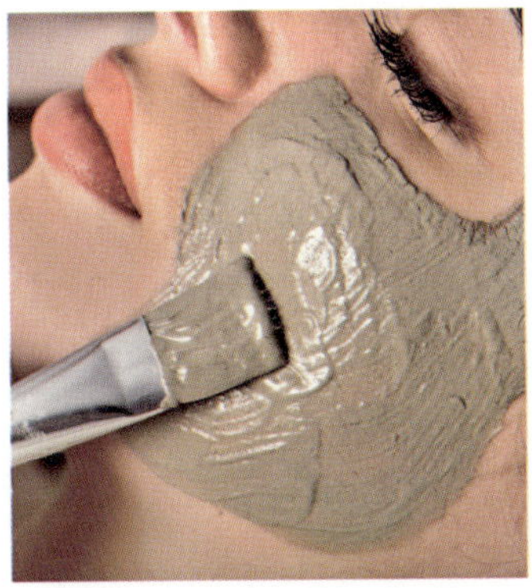

팩제를 도포 후에 적당한 시간이 지나면 미지근한 물로 씻어내는 형태로 노폐물 제거 및 피부 진정효과가 있다. 물로 씻어내므로 청량감을 주고, 잔여물이 남지 않아 민감한 피부에 효과적이다. 씻어낸 후에는 보습제를 바르도록 한다. 진흙과 고령토가 첨가되어 있는 머드팩과 클레이팩, 다량의 보습제가 첨가된 젤 타입의 팩이 있다.

(3) 시트 타입(Sheet type)

얼굴 모양에 맞추어 만들어진 부직포나 가제 등에 팩제를 발라 피부 위에 붙이고 있다가 떼어내는 타입으로 사용이 쉽고 간편하며, 팩을 제거하는 불편함이 없다. 또한 눈가, 코 등 부위별로 적용할 수 있어 원하는 부위에 집중시킬 수 있는 장점이 있다.

MEMO

PART 4

색조 화장품

1. 색조 화장품 및 색조화장품의 안료

1) 색조화장품

피부에 색조효과를 목적으로 사용하는 메이크업 화장품의 역사는 아주 오래되었으며, 현대의 메이크업 화장품은 고전적인 의미에서 벗어나 피부를 채색하여 아름답게 보이게 함과 동시에 매력을 증가시키는 수단, 자신의 이미지를 창출하는 수단, 자외선이나 환경오염 물질로부터 몸을 보호하기 위한 수단 그리고 색을 이용한 치료 효과에도 이용되고 있다.

색에는 색상, 명도, 채도라는 세 가지 속성이 있는데, 색상은 스펙트럼에 나타나는 빨, 주, 노, 초, 남, 보라 등을 말하며, 명도는 색의 밝음 또는 어두음을 나타내고, 채도는 색의 짙음 또는 옅음을 나타낸다. 명도가 높은 색은 경쾌한 기분을 느끼게 하고, 명도가 낮은 색은 검소하고 차분한 느낌을 갖게 한다. 또한 채도가 높은 색은 색 자체의 화려함을 느끼게 하고, 채도가 낮은 색은 무게감과 안정감을 느끼게 한다.

메이크업을 할 때 두 가지 이상의 색을 효과적으로 조화시키는 것을 배색이라 하며, 유사색 배색은 편안하고 부드러운 느낌을 가지게 하고, 보색끼리의 배색은 강렬한 인상을 심어준다. 색은 시각적인 아름다움을 표현하는 수단으로 필수 불가결한 요소이며, 사람의 이미지 메이킹에 중요한 역할을 한다.

색조화장품은 얼굴 전체의 피부색을 균일하게 정돈하거나 기미, 주근깨, 잡티 등의 피부 결점을 보완하고 피부를 아름답게 보이도록 하기 위한 베이스 메이크업 화장품과 입술, 눈, 볼이나 손톱 등에 부분적으로 사용하여 혈색을 좋게 하고, 입체감을 부여하여 아름답고 매력적인 용모로 보이도록 하는 포인트 메이크업 화장품으로 분류할 수 있다.

2) 색조화장품에 사용되는 안료

색조화장품을 구성하고 있는 성분은 크게 나누어 백색안료, 착색안료, 체질안료, 진주광택안료 등의 성분들과 이를 분산시키는 기제로 이루어져 있다.

(1) 백색안료

백색안료는 안료 중에서 가장 많이 사용되는 것으로 백색으로 착색하기 위해 사용할 뿐만 아니라 특정 색상을 맞추기 위해 다른 유색안료와 섞어서 사용하며 투명성 안료에 은폐력을 부여하기 위해서도 사용한다. 백색안료로 많이 사용하는 것은 산화티탄(TiO_2, rutil & anatase)이며, 그 외 아연화(亞鉛華, ZnO), 리토폰(ZnS+$BaSO_4$), 연백(鉛白, lead white, $2PbCO_3 \cdot Pb(OH_2)_2$)이 사용된다.

① **산화티탄**(Titanium Dioxide)

가장 많이 사용하는 백색안료로서 성분은 이산화티탄이다. 이산화티탄은 화학적 성질이 안정하고 무독하며 산, 알칼리에 대한 화학적 저항성이 강하고 착색력, 은폐력이 가장 크다.

이산화티탄은 결정구조에 따라 루틸형(rutil type)과 아나타제형(anatase type)이 있다. 루틸형은 표면을 Al_2O_3, Sb_2O_3, ZnO 등으로 표면처리를 하여 분산성이 좋고 광택, 내후성이 아주 양호하나 순도가 94% 정도로 떨어진다.

아나타제형은 백아화(白亞化, chalking)가 심하지만 백색도는 우수하다.

색조가 강조되는 제품과 피복력과 은폐력을 요구하는 파운데이션에 10~15% 정도 배합되며, 이때에는 은폐력을 좋게 할 목적보다는 백색안료로서의 색의 조절과 기제의 조절을 목적으로 블러셔나 아이섀도 등에 5~10% 배합된다.

② **산화아연**(ZnO, Zinc oxide)

자외선 방어효과가 있으며, 이산화티탄보다는 굴절률이 작고 은폐력이 약하지만, 내광성, 내열성이 좋고 대부분의 다른 안료와 병용하여 사용할 수 있다.

(2) 착색안료

착색안료는 물, 기름, 용제에 녹지 않고 햇볕에 견디는 색을 갖는 분말이며, 도료에 색채를 갖도록 하기 위하여 사용된다. 도료에 사용되는 안료는 도장의 목적, 기능에 따라 구분되어 사용하며 물과 용제에 녹아 나오지 않는 것이 필수조건이다.

착색안료는 무기안료와 유기안료로 크게 분류된다. 무기안료에는 티탄, 납, 동, 철, 크롬 등의 금속화합물이 있고 석유 또는 천연가스를 불완전 연소시켜 만든 카본블랙도 포함된다. 유기안료는 염료를 물이나 용제에 녹지 않는 금속화합물의 형태로 한 것과 체질안료를 염료로 염색하여 물과 용제에 녹아나지 않도록 한 것도 있다.

무기안료는 일광견로성, 내열성이 뛰어나지만 입자가 거칠고 색의 선명도가 떨어지는 결함이 있으며, 유기안료는 선명한 색채의 것이 많으며 입자가 가늘어 착색력이 뛰어나지만 일광견로성, 내열성 등에 약간의 단점이 있다.

(3) 체질안료

화장품의 기본적인 형태나 사용감 등의 특성을 나타내기 위해 사용하는 분체이며, 증량, 보강, 무광효과 등을 목적으로 단독 또는 착색안료와 함께 사용된다.

안료의 제조에 있어서 또 도료, 그림물감의 제조 시에 여러 가지 목적으로 배합하는 무채색 안료를 총칭하여 체질안료라 하고, 축약해서 체질이라고도 한다. 굴절률이 작고 아마인유 등의 전색제와 반죽할 경우 굴절률의 차가 거의 없기 때문에, 투명하고 피도장면을 감추지 않는 것이 바람직하다. 대부분이 무기안료이고, 옛날에는 주로 증량제로 안료에 가해졌는데, 최근에는 딱딱한 안료 입자의 미립화, 분쇄에 도움이 되는 동시에 용도에 적합한 흡유량, 은폐력, 착색력, 색상, 전기 절연성, 도막의 살붙이기 등을 조절하는 중요한 역할을 한다. 레이크 안료(물들이는 안료)도 또 종종 체질 안료 위에 침전시켜 만들어진다.

체질안료로 마이카(mica), 탈크(talc), 세리사이트(sericite), 무수규산(silicic anhydride) 등이 사용되며 색의 농도 조절, 제품의 퍼짐성, 감촉 등을 조절한다.

(4) 진주광택안료

천연 진주나 전복의 껍질 안쪽 등의 무지갯빛 광채를 띤 부드러우며 깊이를 지닌 광택 안료로 전체적으로는 다층 구조를 형성하며, 입사한 빛이 그 층간구조 사이에서 다중 반사를 하여 일곱 색채의 빛깔이 이 반사광의 간섭효과로 만들어진다.

인공적으로는 염기성 탄산염계의 진주광택이 개발되어 화장품, 조개단추 등에 많이 사용되었으나, 1970년대에 이르러 이산화티타늄 피복 운모계의 다른 진주광택 도료가 개발되어 내광성, 내열성, 내약품성이 좋아지고 안전성도 높아져 용도가 넓어졌다. 최근에는 플라스틱 도장에 많이 쓰이고 있으며 휴대전화 등에 펄 입자를 달리 도장해 의도적으로 플립플롭 효과를 연출하여 고가로 판매하고 있다.

3) 안료의 기능 및 성질

- 원하는 색채를 제대로 표현할 수 있어야 한다.
- 피복력이 있고 피부 표면에서 퍼짐성이 좋아야 한다.
- 피부에 대한 부착성이 좋고 화장의 흐트러짐이 없어야 한다.
- 사용감이 부드럽고 피부에 대해 이물질이라는 불쾌한 느낌이 없어야 한다.
- 안료의 분산 상태가 좋고 시간의 경과에 따라 변화하지 않고 제품의 기능을 저하시키지 않아야 한다.

2. 베이스 메이크업 화장품

1) 메이크업 베이스(Make-up base)

기초 손질을 하고 파운데이션을 바르기 전에 사용하는 메이크업 베이스는 피부톤을 고르게 정돈, 유지할 수 있도록 하고, 화장을 오랫동안 지속시키는 역할을 하며, 피부색의 단점을 보완하고 원래의 피부보다 안색을 보정하고 생동감을 부여해 준다.

메이크업 화장품의 주요 구성 성분은 유성 성분, 수성 성분, 유화제 등이며 기본적으로 기초 화장품에 착색 안료, 이산화티탄, 탈크 등을 분산시킨 것과 유사하다. 예를 들어, 크림에 착색안료, 백색안료, 이산화티탄, 탈크 등을 분산시키게 되면 크림 파운데이션이 되며, 로션에 분산시키게 되면 리퀴드 파운데이션이 된다. 기본적인 원료의 구성은 파운데이션과 유사하지만 무기안료 또는 착색안료 등 전체 안료의 배합량은 퍼짐성을 고려하여 비교적 적게 한다. 베이스를 구성하는 원료 성분은 기초 화장품 유액의 기제 성분과 크게 다르지 않다.

메이크업 베이스를 사용하는 목적으로는 첫째, 파운데이션 또는 메이크업을 잘 받게 하고 들뜨는 것을 방지하는 것이며, 둘째, 피부에 보습성을 부여하고 피부를 외부로부터 보호해 준다. 셋째, 색조화장의 밀착성을 높이고 얼룩을 방지하여 지속성을 높여준다.

메이크업 베이스는 일반적으로 그린(green), 핑크(pink), 퍼플(purple), 화이트(white) 등 다양한 색상이 있으며, 자신의 피부색에 따라 사용한다.

▶ 핑크

모든 피부에 사용 가능하며 피부를 화사하고 발랄하게 표현해 주며 창백한 피부에 혈색을 부여해 준다. 또한 나이가 들어감에 따라 피부색은 누렇게 변화되어 명도가 낮아지는 경향이 있는데, 이때에 핑크 콘트롤 컬러로 보정하는 것이 유효하다. 피부에 적색기를 가하여 명도를 높이고 채도를 낮추는 작용을 하여 혈색이 없어진 피부에 화사함을 부여한다.

▶ 그린

얼굴이 붉은 사람에게는 적색기를 억제하기 위해 그린계의 색상을 가장 많이 사용하며, 채도를 낮추고 명도를 높여 자연스럽고 투명감 있는 화장효과를 나타낸다. 또한 붉은색의 여드름이 있는 피부에 사용하며, 여드름이나 잡티, 뾰루지를 보완해 준다.

▶ 퍼플

동양인과 같은 노란기가 많은 피부에 사용하며, 피부를 중화시켜 맑게 표현한다.

▶ 화이트

피부 톤을 밝게 하여 피부를 투명하고 깨끗하게 보이게 한다.

▶ **오렌지**

검은 피부를 건강하게 표현할 때 사용한다.

▶ **블루**

피부를 희게 표현하거나 얼굴의 붉은 기를 커버할 때 사용한다.

2) 파운데이션(Foundation)

파운데이션은 자신의 개성을 강조하고, 피부색을 조절해 주며 얼굴의 결점이나 윤곽을 수정할 때 쓰이며, 자외선이나 외부 환경으로부터 피부를 보호해 주는 기능을 한다. 얼굴의 윤곽을 수정하며 입체감을 부여하여 얼굴의 색조 화장을 돋보이게 한다.

파운데이션은 커버력의 차이에 따라 수성 타입, 에멀션 타입, 유성 타입의 제품이 상품화되고 있으며 최근에는 화장의 간편성이나 휴대의 편리성 등의 이유로 콤팩트형 용기에 담은 것이 많다. 화장품의 사용 목적에 관계없이 콤팩트형 용기에 담은 모든 메이크업 화장품은 분체 안료 등을 프레스 기계로 압축하여 만들었기 때문에 고형분, 압축분 또는 프레스드 파우더 등이 있으며, 색조화장의 마무리에 사용되는 분말 타입의 화장품은 가루분 또는 루즈 파우더(loose powder)라고 부른다.

파운데이션의 주된 기능은 결점은 은폐하고 피부의 외관 색상을 조절하여 개성 있는 이미지를 연출하는 것이며, 얼굴의 윤곽 수정, 자외선과 외부 자극으로부터 피부를 보호하고 심리적인 안정감을 부여한다.

피부의 색상은 개인에 따라 다르며 계절 또는 건강 상태에 따라 조금씩 변화한다. 피부색은 멜라닌과 헤모글로빈 등에 의한 빛의 흡수작용과 표피층의 광투과 작용에 의해 결정되며, 얼굴은 부위에 따라 조금씩 색조의 차이가 있으며 이마는 상대적으로 명도가 낮고 볼은 명도가 높다. 또한 눈 아래는 약간의 붉은기가 있다.

파운데이션의 색조는 보통 적색, 황색, 흑색의 3가지 산화철의 종류와 배합량의 수준, 기타 백색안료와 착색안료, 유기안료, 무기안료의 혼합비율에 따라 다양하게 조절된다. 파운데이션 메이크업의 기법상 중요한 것으로서 피부의 색조 수정과 형태 수정을 들 수 있다. 색조 수정은 기미, 주근깨 등을 자연스럽게 커버하는 부분 수정과 칙칙해진 얼굴 전체를 밝게 하는 전체 수정을 의미하며, 형태 수정은 잔주름과 땀구멍을 커버하는 메이크업 기법을 말한다.

(1) 에멀션형 파운데이션

커버력과 유분 함량의 차이에 따라 O/W, W/O, W/S 에멀션형의 유액 또는 크림 타입 등으로 구별된다. 일반적으로 병이나 튜브 용기에 담겨져 상품화되고 있다.

안료와 기름 입자가 수상에 분산되어 수분함량이 많은 O/W형의 파운데이션이 리퀴드 파운데이션이며, 유분보다 수분으로 이루어진 파운데이션으로 지성피부나 민감성 피부에 사용한다. 크림 파운데이션은 수분보다 유분이 많은 W/O형 파운데이션으로 건조한 가을이나 겨울철에 사용하며 건성피부에 사용하기 적절하다. 발림성이 좋고 지속력이 오래 가는 장점이 있으며 피부에 유분 광택을 남기기 때문에 사용 후에는 페이스 컬러나 콤팩트 파우더 등의 색조화장 마무리용 피니시 메이크업 제품이 필요하다.

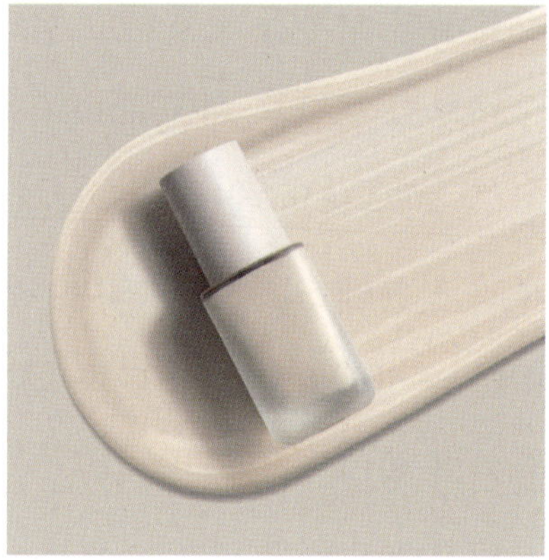

(2) 유성형 파운데이션

유성형 파운데이션에는 커버 크림이나 컨실러(concealer)라 불리는 스틱 파운데이션이 있으며, 기미나 주근깨, 여드름 등의 결점 부위를 은폐하는 커버 기능이 매우 뛰어난 제품이다. 유성 기제에 안료를 분산시킨 유성 파운데이션은 피복력이 좋고 지속성이 높으며 사용되는 안료는 무기안료가 주로 사용되고, 유성기제는 납류, 지방산, 고급 알코올 등이 쓰인다. 또한 스틱 파운데이션은 유분과 수분을 혼합하여 스틱으로 만든 파운데이션으로 간편하게 사용할 수 있고, 커버력과 밀착력이 우수하여 잡티나 기미, 여드름을 감추기 위해 주로 사용한다.

(3) 압축 고형 파운데이션

투웨이 케이크, 파우더 파운데이션 등이 있으며 휴대가 간편하고 빠른 화장이 필요할 때 편리하게 사용할 수 있으며, 자연스러운 화장 표현이 가능하다. 압축 형태의 고형제품을 성형할 때는 분체안료 간의 접착력과 결합력을 향상시키기 위해 사용 목적을 고려하면서 소량의 오일이나 왁스 또는 계면활성제 등을 배합하는데, 이것을 결합제 또는 바인더(binder)라 부른다.

파우더 파운데이션은 오일과 재료를 혼합하여 고형으로 압축시킨 파운데이션과 파우더를 하나의 형태로 결합시킨 것으로 분체, 안료, 유성기제, 계면활성제 등으로 구성되고 부착성을 높이기 위해 결합제의 양이 고형분보다 많은 것이다. 또한 파우더 파운데이션은 기초 손질과 메이크업 베이스를 바른 후 파우더 파운데이션으로 간단하게 마무리하는 것이 특징이다.

투웨이 케이크는 마른 스펀지와 젖은 스펀지를 모두 사용할 수 있으며, 실리콘 등에 의해 발수 처리된 안료가 배합되어 있어 젖은 스펀지를 사용해도 물을 흡수하지 않기 때문에 시원스러운 감촉으로 사용할 수 있다. 최근에는 쿠션 제품을 출시해 BB(blemish balm) 크림, CC(complete control, color change, color control) 크림 등의 사용하기 편리하고 빠른 메이크업이 가능한 다기능 제품이 색조화장품 부문을 선도하고 있다.

(4) 파우더(Powder)

자외선으로부터 피부를 보호해 주며 압축 고형 파우더 타입의 콤팩트 파우더와 가루로 된 분말 타입이 있다. 파우더를 사용하는 목적은 유분기 또는 피지 등에 의한 얼굴의 유분 광택을 제거하며, 블루밍(blooming) 효과에 의해 화사한 색조화장을 연출하여 주며, 파운데이션 효과를 지속하고 화장 마무리 시에 다양한 색감을 연출할 수 있게 해준다.

① 루즈 파우더(가루분)

분말 타입의 메이크업 제품으로서 프레스드 타입의 고형 압축분과는 달리 유분이 배합되어 있지 않다. 유화형 또는 유성 파운데이션 위에 도포하여 번들거리는 기름 광택과 끈적거림을 억제하여 산뜻한 피부 감촉을 부여하고 투명감 있는 피부색을 연출한다.

또한 땀과 피지를 억제하여 화장의 지속성을 좋게 해준다. 파우더를 사용할 때에는 화장용구를 사용해 피부에 매끄럽게 발라야 하며 피부색을 보정하기 위해 약간의 착색안료와 마이카나 운모티탄 등의 진주광택안료를 사용하기도 한다. 또한 퍼프를 이용하여 피부를 깨끗하고 번들거림을 잡아주고 화장을 오랜 시간 지속시킬 수 있도록 하여야 하며 그 특징은 다음과 같다.

▶ **피복력**

피복력은 입자의 크기와 굴절률에 의해 결정되는데, 이는 입자의 표면에서 반사되는 빛이 클수록 피복력이 커지기 때문이다. 가루분에는 산화아연과 이산화티탄이 많이 사용된다.

▶ **퍼짐성**

잘 퍼지는 성질을 말하며 피부에 발랐을 때 쉽게 퍼지고 피부에 매끄러운 느낌을 주는 성질이 분말 원료로써 필요하다. 주로 탈크가 사용된다.

▶ **부착성**

분 종류의 중요한 성질로써 피부에 잘 부착되는 것을 말하며, 부착성을 향상시키기 위해서 금속비누 외에 소량의 유성 물질이 사용된다.

▶ **흡수성**

피지나 땀을 흡수하여 화장의 흐트러짐을 막아준다. 여기에 사용되는 분말은 카올린, 탄산칼슘, 탄산마그네슘 등이 있다.

② 콤팩트 파우더

페이스 파우더를 휴대하기 쉽게 압축시켜 놓은 파우더로 가루 날림이 적은 것이 특징이다. 콤팩트 파우더는 일반적으로 가장 많이 사용하는 보편적인 제품이었으나 콤팩트 기능을 겸비한 압축 고형 파운데이션의 등장으로 다기능 제품이 선호 받고 있다.

3. 포인트 메이크업 화장품

베이스 메이크업 화장품과는 달리 얼굴의 특정한 부위에만 사용하는 화장품으로 아이 메이크업, 립 메이크업, 네일 에나멜 등으로 분류된다.

1) 아이 메이크업 화장품

아이 메이크업의 종류는 다양하며 눈 주위에 바르는 것으로 눈 주위를 확실하게 하거나 표정을 뚜렷하게 연출하기 위해 사용된다. 아이섀도, 마스카라, 아이라이너, 아이브로우 등이 있다. 눈은 안전성을 고려해야 할 민감한 부분이므로 화장품에 사용되는 성분들은 엄격한 규제가 따르고 있다. 또한 점막 부위에 대해 자극을 나타내지 않으며 안전해야 하며 부드럽게 발라져야 한다.

아이 메이크업의 원료로는 주로 흑색, 적색, 황색의 산화철과 군청 등의 착색 안료와 탈크, 카올린 등의 체질안료 및 진주광택을 내는 운모티탄이나 마이카 등의 무기안료가 사용된다.

(1) 아이섀도

고형 타입, 리퀴드 타입, 펜슬 타입, 스틱 타입 등 여러 가지가 있으며 자신이 원하고자 하는 이미지를 연출할 때 선택하여 사용한다. 아이섀도는 피부색과 잘 조화되면서 눈꺼풀이나 눈초리에 음영효과와 입체감을 부여함으로써 눈매를 아름답게 강조하기 위해 사용하며, 메이크업 화장품 가운데 색상이 가장 다양하다. 색상을 내기 위해 다양한 색재가 사용되며, 무기안료로는 산화크롬, 수산화크롬, 군청, 감청, 산화철 등이 이용된다.

무기안료 외에 질감을 좋게 하기 위하여 운모티탄이나 마이카계의 유색 진주광택안료 등을 배합하며, 기타 배합원료의 구성은 압축고형 파운데이션과 크게 다르지 않다.

① 압축 고형 아이섀도 제품

건식, 습식 및 다색으로 구성된 제품이 있으며 사용 감촉이나 지속성, 색상 발현효과가 중요하며, 피부색과 어울리고 테마에 알맞은 아이섀도를 선택하는 것도 중요하다.

② 유성 타입 아이섀도 제품

스펀지 팁을 이용해 사용하는 것으로 유분감이 있지만 선별한 발색효과의 지속성이 좋다.

③ 연필 타입 아이섀도 제품

유성 타입과 유사하나 사용하기 쉽고 섬세한 표현이 용이하다.

(2) 마스카라

마스카라는 속눈썹에 사용하며 속눈썹을 길고 풍요롭게 보이게 하고 눈매를 아름답고 매력적으로 표현할 때 사용한다. 분말이나 연필 타입 등의 고체형 또는 유성형 등 여러 형태의 제품이 있지만, 컬링 효과가 우수한 에멀션형이 가장 널리 쓰이고 있다. 마스카라는 뭉침이 없어야 하고, 피부에 자극을 주지 않아야 하며, 고르게 도포되는 것을 선택한다. 또한 적당한 윤기와 건조성이 있는 것, 지우기가 용이할 것, 미생물 오염이 없을 것, 내용물이 쉽게 증발하지 않고 시간이 지나도 굳지 않는 제품을 선택하도록 한다.

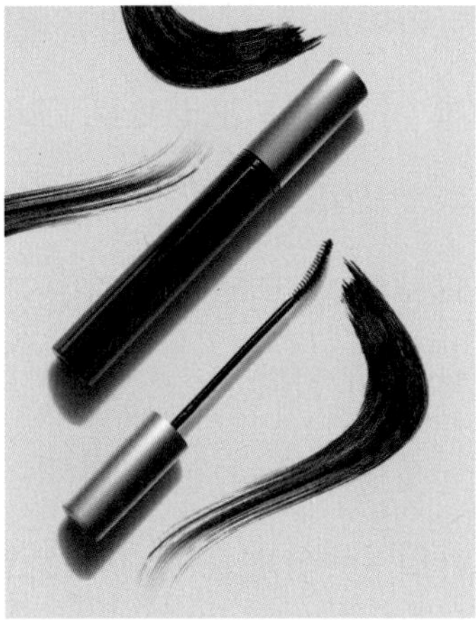

(3) 아이라이너

아이라이너는 눈의 윤곽을 뚜렷이 하고 눈을 아름답고 인상적으로 표현할 때 사용한다. 아이라이너는 건조가 빨라야 하고, 피부에 자극이 없어야 하며, 번지지 않아야 하고, 그리기가 쉬운 것을 선택해야 한다. 아이라이너의 종류는 리퀴드 아이라이너, 펜슬 아이라이너, 젤 아이라이너, 케이크 아이라이너가 있다.

(4) 아이브로우

아이브로우는 눈썹을 잘 정돈한 다음 자신에게 어울리는 모양으로 그리거나 짙게 혹은 밝게 수정하여 아름답게 가꾸는데 사용하는 제품으로 색상은 일반적으로 진한 갈색, 흑색 및 짙은 회색 등이 있다.

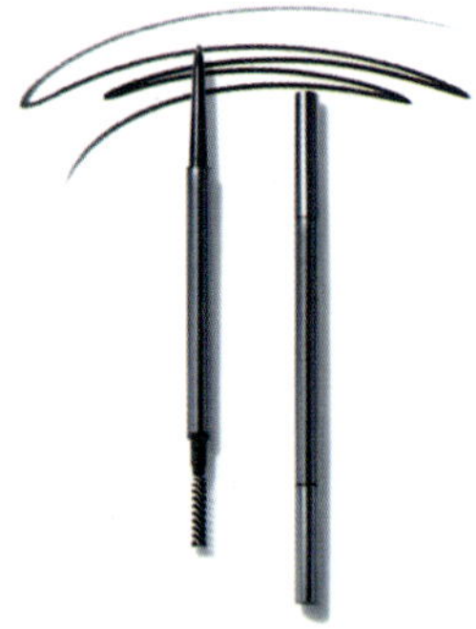

제형으로는 연필 타입, 오토펜슬 타입, 섀도 타입 등이 있으며 아이브로우 제품은 지속력이 좋아야 하고 피부에 사용했을 때 부작용이 없어야 한다. 또한 피부에 대해 자극이 없는 것으로 선택하여야 하며, 자신이 원하는 이미지에 맞는 색상을 선택한다.

2) 립스틱

립 메이크업은 입술에 도포하여 색채와 광택을 주는 목적으로 사용하며 추위나 건조 등으로부터 입술을 보호하는 작용을 한다. 립 메이크업에는 유제에 착색료를 분산 또는 용해하여 스틱상으로 만든다. 또한 립스틱에 요구되는 품질은 기본 품질과 기호 품질로 나뉘며, 기본 품질은 안전성, 안정성(발한, 발분, 부러짐, 색조 변화 등에 대한 품질 평가 기준) 등이며, 기호 품질은 색상 발현, 사용감, 기능 등으로 분류할 수 있다.

입술은 피부와는 다른 점이 있는데 피부는 피지선과 각질층이 있으나 입술은 피지선과 각질층이 없으며 수분 증발 속도가 피부보다 빠르고, 수분이 적은 것이 특징이다. 이에 가을이나 건조한 겨울 또는 환절기가 되면 입술이 자주 마르고 트게 되는데, 이것은 모공이나 땀구멍 등이 발달되어 있어 분비 작용이 활발한 피부조직과 달리 입술은 부드러운 점막으로 되어 있기 때문에 외부 환경이나 자극에 방어하는 능력이 떨어진다. 또한 수분이 부족하면 건조해져서 쉽게 트거나 갈라지게 되는 자극이 반복되면 주름이 생기기 쉽다. 립스틱은 입술에 단순히 색상을 부여하는 기능 외에도 입술을 보호하고 수분 증발을 방지하는 역할을 한다.

립스틱 주요 원료

립스틱에 배합되는 원료 성분은 왁스라고 일컫는 상온에서 고체 또는 반고체 형태의 유성원료와 상온에서 리퀴드 형태인 오일 성분 및 착색제로 나눌 수 있다. 천연 왁스 성분인 카나우바(carnauba)와 칸데릴라(candelilla), 밀납(beeswax) 등과 광물 왁스인 고형 파라핀, 마이크로 크리스탈린 왁스, 세레신 등의 원료가 사용된다. 왁스류는 립스틱의 스틱 형성, 색조의 지속성 유지 등의 목적으로 사용한다. 립스틱에 사용되는 색소는 유기합성색소, 천연색소, 무기안료 등이 있으며 피마자유, 유동 파라핀, 합성 에스테르유 등 액상의 유성원료는 높은 융점인 유성 원료의 혼화성과 착색료의 분산성을 좋게 하며, 립스틱의 부착성과 퍼짐성을 좋게 하여 도포하기 쉽게 하고 도포했을 때 광택을 부여한다.

3) 네일 에나멜

손톱에 도포하여 광택과 색채를 주어 아름답게 할 목적으로 사용하는 화장품이며, 네일 에나멜, 탑 코트, 베이스 코트, 네일 에나멜 리무버, 네일 트리트먼트, 큐티클 리무버 등이 있다.

네일 에나멜은 도포 후 건조하여 손톱의 표면에 딱딱하고 광택이 있는 강한 피막을 형성하는데 점성이 있다. 적당한 속도로 건조하여 균일한 피막을 형성하여야 하며, 착색료가 균일하게 용해 또는 분산되어 있어 도포 후에 색조나 광택이 변화하지 않아야 한다.

(1) 네일 에나멜

손톱에 도포함으로써 광택을 부여하고 아름답게 보이게 하는 것으로 형성된 도막에 의해 손톱을 보호하여 준다.

(2) 탑 코트

네일 에나멜 위에 도포하여 광택을 증가시키고 네일 에나멜이 손상되지 않도록 보호해 준다. 무색 또는 연한 투명색이

많으나 네일 에나멜의 색조를 변화시키는 효과를 지닌 착색제나 펄제를 첨가한 제품도 판매되고 있다.

(3) 베이스 코트

네일 에나멜 전에 도포하여 손톱과의 밀착성을 향상시켜 네일 에나멜이 박리되지 않도록 함으로써 네일 에나멜 효과를 지속시킨다.

(4) 네일 에나멜 리무버

손톱에 도포한 네일 에나멜을 지우기 위해 이용되며 용제에 의해 손톱 표면의 수분과 유분의 손실을 막기 위해 에몰리엔트 작용을 지닌 성분을 배합하여 손톱의 백화현상을 방지하고 건강하게 보존한다.

PART 5

기능성 화장품

1. 기능성 화장품의 정의 및 범위

기능성 화장품은 '코스메슈티컬(cosmeceuticals)' 또는 '코스메디컬(cosmedical)' 등의 용어로 세계적으로 쓰이고 있으나 국제적으로 통일된 바는 없으며, 이들의 개념을 종합하여 정의하면 피부 질환이 없는 건강한 사람이 피부의 상태를 건강하게 유지시켜 피부의 이상 및 노화를 방지하고 개선할 목적으로 사용되거나 또는 신체의 불쾌감, 위화감 등을 방지하기 위해 사용되는 것으로 인체에 대한 작용이 완화한 화장품을 말한다. 즉, 기능성 화장품이란 이전의 단순한 피부 보습, 피부보호의 차원에서 벗어나 피부의 주름, 기미, 주근깨, 죽은 각질, 피부 건조 등의 문제점들을 해결하는데 도움을 주는 화장품을 말한다. 광의의 의미에서는 피부 질환이 없는 건강한 사람이 피부의 상태를 건강하게 유지시켜 피부의 이상 및 노화를 지연시키거나 개선할 목적으로 사용하는 물품을 말하는 것이다.

기능성 화장품은 전 세계적으로 수요가 증가하고 있으나 국제적으로 통용되는 용어나 범주는 구체적으로 정해지지 않았으며, 정부 차원에서 의약품과 화장품을 엄격하게 구분하고 있긴 하지만 나라별로 조금씩 차이를 두고 있다.

국내 화장품법 제2조 2항에서는 ① 피부의 미백에 도움을 주는 제품, ② 피부의 주름 개선에 도움을 주는 제품, ③ 피부를 곱게 태워주거나 자외선으로부터 피부를 보호하는데 도움을 주는 제품, ④ 모발의 색상 변화 · 제거 또는 영양공급에 도움을 주는 제품 ⑤ 피부나 모발의 기능 약화로 인한 건조함, 갈라짐, 빠짐, 각질화 등을 방지하거나 개선하는 데에 도움을 주는 제품을 기능성

화장품으로 정의하고 있다. 동법 시행규칙 제 2조에서는 ① 피부에 멜라닌 색소가 침착되는 것을 방지하여 기미, 주근깨 등의 생성을 억제함으로써 피부의 미백에 도움을 주는 화장품, ② 피부에 침착된 멜라닌 색소의 색을 엷게 하여 피부의 미백에 도움을 주는 기능을 가진 화장품, ③ 피부에 탄력을 주어 피부의 주름을 완화 또는 개선하는 기능을 가진 화장품, ④ 강한 햇볕을 방지하여 피부를 곱게 태워 주는 기능을 가진 화장품, ⑤ 자외선을 차단 또는 산란시켜 자외선으로부터 피부를 보호하는 기능을 가진 화장품으로 기능성 화장품의 범위를 한정하고 있다.

1) 기능성 화장품의 법적 정의

(1) 미백제품

- 멜라닌 생성 및 산화 방지
- 멜라닌 색소 환원
- 티로시나제 활성 억제
- 피부의 각질 제거
- 피부의 색소침착 방지
- 피부의 칙칙함 개선
- 기미, 주근깨 개선 및 제거

(2) 주름개선 제품

- 피부의 탄력 강화
- 콜라겐 합성 촉진
- 표피의 신진대사 촉진
- 섬유아세포 생성 촉진

(3) 피부를 곱게 태워주거나 자외선으로부터 보호하는 제품

- 자외선으로부터 피부보호
- 자외선 차단, 산란
- 일소방지

(4) 모발의 색상 변화 · 제거 또는 영양공급에 도움을 주는 제품

- 모발 색상 변화 및 유지: 염색, 탈색, 색상 고정 또는 복구 효과를 제공
- 모발 색소 제거 및 새로운 색소 침착 유도
- 모발에 영양을 공급하여 모발 손상 회복 및 탄력 강화
- 컬러 지속성 및 광택 개선

(5) 피부나 모발의 기능 약화로 인한 건조함, 갈라짐, 빠짐, 각질화 등을 방지하거나 개선하는 데에 도움을 주는 제품

- 피부 및 모발 보습 강화
- 모발의 갈라짐 및 끊어짐을 방지하고 손상 회복 촉진

- 탈모 방지 및 모발 성장 촉진을 위한 두피 케어 효과
- 두피의 유수분 균형 조절로 모발 건강 유지
- 피부 및 모발 손상 부위를 복구하여 탄력과 윤기 회복

2. 기능성 화장품의 분류

1) 미백화장품

(1) 피부색

피부색은 표피에 존재하는 색소세포인 멜라닌(melanin), 혈관 속에 함유된 헤모글로빈(hemoglobin)과 피하조직의 카로틴(carotene) 등의 색소가 상호 작용해서 나타나는데, 그중에서도 외관상의 피부색은 멜라닌 색소의 양과 분포에 의해 거의 결정된다.

멜라닌은 자외선의 자극으로 생성되며, 인종에 따라 그 양이 다르다. 표피의 멜라닌 세포 수는 피부색과 관계없이 일정하며 민족 간의 피부색을 결정하는 것은 멜라노솜의 수와 크기이다. 흑인의 경우는 멜라노솜이 산재되어 있는 반면 백인은 멜라노솜이 얇은 막에 뭉쳐져 있기 때문에 희게 보인다.

멜라닌을 생성하는 멜라닌 세포는 표피 기저층에 존재하며 피부에서 발생하는 활성산소나 프리 라디칼을 제거하고, 자외선으로부터 피부를 보호하는 역할을 한다.

(2) 미백에 도움을 주는 제품

피부의 멜라닌 색소가 침착하는 것을 방지하여 기미, 주근깨 등의 생성을 억제함으로써 피부의 미백에 도움을 주는 기능을 가진 화장품을 미백 화장품이라고 한다. 피부의 색은 멜라닌, 헤모글로빈, 카로틴 등에 의해 결정되며, 헤모글로빈은 산소와 결합 시 피부를 붉게 보이게 하고 카로틴은 황색을 유발시키기도 하지만 이 중 가장 중요한 역할을 하는 것은 표피층에 있는 멜라닌이다. 따라서 멜라닌 세포의 활성을 억제할 수 있는 메커니즘을 통하여 미백효과를 얻을 수 있다.

미백 화장품 원료로는 자외선을 산란시킴으로써 멜라닌 생성을 억제시키는 성분과 멜라닌의 합성을 명령하는 신호전달 물질인 사이토카인(cytokine)의 작용을 조절하는 성분, 티로신의 산화반응을 억제함으로써 멜라닌 색소의 생성을 억제하는 비타민 C와 같은 화합물, 티로신의 산화를 촉매하는 티로시나제의 활성을 저해하여 멜라닌 생성을 억제하는 알부틴, 감초 추출물 등의 화합물, 피부의 각질층에 함유된 멜라닌 색소를 제거시키는 살리실산과 같은 화합물 등이 있다.

미백 기능성 화장품 고시 성분은 다음과 같다.

- 닥나무 추출물(broussonetia extract) 2.0%
- 알부틴(albutin) 2.0~5.0%
- 에틸아스코빌에테르(ethyl asocorbyl ether) 2.0%
- 유용성 감초 추출물(oil soluble licorice glycyrriza extract) 0.05%
- 아스코빌글루코사이드(ascorbyl glucoside) 2.0%
- 마그네슘 아스코빌 포스페이트(magnesium ascorbyl phosphate) 1.0~5.0%
- 나이아신아마이드(niacinamide) 2.0~5.0%
- 알파-비사보롤(alpha-bisabolol) 0.5%
- 아스코빌테트라이소팔미테이트(ascorbyl tetraisopalmitate) 2.0%

[표 5-1] 미백 메커니즘에 따른 활성 성분

구분	색	영향 요인
자외선 차단	자외선의 차단을 통한 멜라닌 생성 억제	이산화티탄, 감마-오리자놀, 옥시벤존
사이카토카인 조절	멜라닌 합성 신호 전달물질인 사이토카인 작용 조절	
멜라닌 합성 저해제	티로신 산화 반응 억제	비타민 C 및 그 유도체, 글루타치온
티로시나제 활성 저해	티로신 산화 촉매제인 티로시나제 활성 저해	알부틴, 감초 추출물, 닥나무 추출물, 상백치 추출물

2) 주름 개선 화장품

(1) 주름의 발생 원인

노화된 피부는 표피의 세포 교체(turn over) 주기가 길어 각질층이 두껍고 투명감이 떨어지며 칙칙하게 보인다. 젊은 사람의 피부는 진피 속에 존재하는 콜라겐과 점액질의 뮤코 다당류의 수분 결합능력이 크기 때문에 주름 없는 피부를 유지한다. 그러나 나이가 들면 콜라겐과 뮤코 다당류의 수분 결합능력이 떨어져 피부 속의 수분이 빠져나가 주름살이 생기게 된다. 또한 노화된 피부는 활성산소의 영향으로 엘라스틴의 탄력성이 떨어져 탱탱함이 줄어들고, 모세혈관의 혈액순환 저하로 산소와 영양분의 원활한 공급이 이루어지지 않아 주름이 많아지게 된다.

장시간 햇빛에 노출된 피부는 피부의 광노화에 의해 주름이 생기는데, 자선은 섬유질을 손상시켜 콜라겐 함량을 감소시키고, 엘라스틴의 가교결합을 증가시켜 피부의 탄력을 감소시켜 주름을 생성하게 한다.

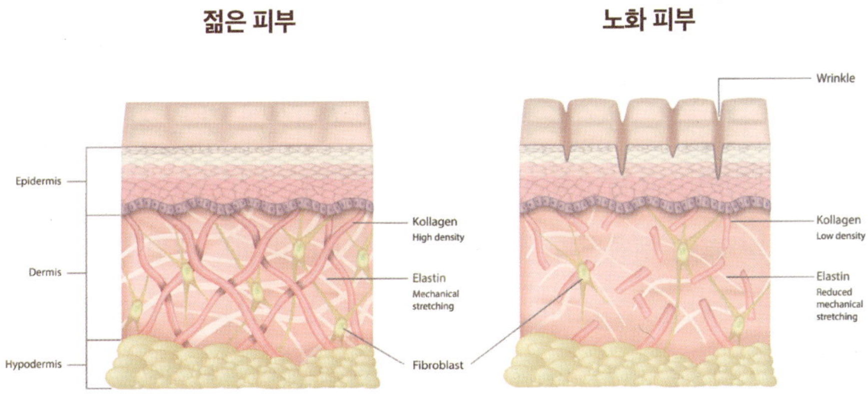

(2) 주름 개선 성분

주름 개선 성분에는 진피의 결합조직 형성을 촉진시키는 섬유아 세포의 성장을 촉진하는 물질, 섬유아세포의 콜라겐 합성을 촉진하는 물질, 활성산소와 프리 라디칼을 제거하는 물질 등이 있는데, 이 중에서 가장 대표적인 물질이 레티노이드(retinoid)이다.

레티노이드는 비타민 A와 관련된 화합물의 총칭으로 레티놀(retinal), 레틴 알데히드(retin aldehyde) 및 레틴산(retinoic acid) 등이 있다. 이들은 피부 세포의 분화와 증식에 영향을 주고 손상된 콜라겐과 엘라스틴의 회복을 촉진한다.

레티노이드 중에서 레틴산은 여드름 치유 및 잔주름 개선에 효과가 있는 것으로 알려져 있다. 레틴산은 각질층의 세포 교체를 빠르게 하여 죽은 각질 세포를 떨어져 나가게 하고, 새로운 세포의 생성을 촉진시켜 피부에 탄력을 주고 주름을 억제해 준다. 레티놀은 피부 자극이 상대적으로 적다는 장점이 있으며 분자 내에 불포화 결합이 있어 공기 중에서 쉽게 산화되기 때문에 레티놀의 안정화를 위해 특수 튜브 용기를 사용하거나 팔미틴산과 같은 지방산을 결합한 레티닐 팔미테이트(retiny palmitate)를 사용한다.

주름 개선을 위한 성분으로 알려진 레티놀(retinol), 레틴알데히드(retin aldehyde) 및 레틴산(retinoicacid)은 세포 분화 촉진을 비롯하여 단백질 생합성에 중요한 역할을 한다. 즉, 콜라겐의 생합성을 촉진시킴으로써 주름을 감소시키고 피부의 탄력을 증대시킬 수 있다. 최근에 연구되고 있는 주름 개선 기능성 소재는 주로 표피 세포의 분화 및 재생을 조절하는 성분, 활성산소를 소거하는 항산화제, 항염증 작용 성분, 자외선에 의한 손상을 방어하는 성분 및 기타 근육운동을 저해하는 유사 보톡스 개념의 펩티이드류들이 주류를 이루고 있다.

식약처에서 고시한 주름 개선 기능성 화장품 원료는 다음과 같다.

- 레티놀(retinol) 2500IU/g
- 아데노신(adenosine) 0.04%
- 폴리에톡실레이티드레틴아마이드(polyethoxylated retinamide) 0.05~0.20%
- 레티닐팔미테이트(retinyl palmitate) 10000IU/G

3) 자외선 차단 화장품

(1) 자외선

태양광선은 자외선, 가시광선, 적외선으로 구분되며, 자외선은 파장에 따라 UVA, UVB, UVC로 나뉜다. 색소침착과 콜라겐 손상에 의한 주름 발생 원인이 되는 UVA는 파장이 가장 길어 실내의 유리를 통과할 수 있어 생활 자외선이라 불린다. UVB는 비타민 B의 합성을 촉진하고 색소침착과 일광화상(sunburn)을 일으키며, UVC는 피부암의 원인이 되는 것으로 알려져 있다. 자외선의 종류와 피부에 미치는 영향은 다음 표와 같다.

[표 5-2] 자외선의 종류와 피부에 미치는 영향

종류	파장의 길이(nm)	특징
UVA	320~400	긴 파장의 광선으로 에너지는 약하지만 지구에 도달하는 UV량의 대부분이며 침투력이 좋아 유리도 통과한다. 피부 질환을 일으키는 파장의 빛으로 장시간 노출 시 피부 노화, 광과민성 피부병의 원인이 된다.
UVB	280~320	짧은 파장의 고에너지 광선으로 UVA보다 적지만 단시간에 인체에 가장 큰 영향을 준다. 피부 홍반, 화끈거림, 물집을 일으키며 심하면 피부암의 원인이 되기도 한다. 파장이 짧아 유리를 통과하지는 못한다.
UVC	200~280	세포와 세균을 파괴하는 힘은 매우 강하나 파장이 짧아 침투력이 미약해 오존층에서 대부분 차단되기 때문에 지표면에는 거의 도달하지 않는다. 장시간 노출되면 피부암을 유발한다.

자외선이 피부에 조사되면 각질층에 의해 일부는 반사되거나 산란되지만 파장이 긴 UVA 같은 자외선은 진피층까지 침투하여 콜라겐과 엘라스틴을 손상시키는 광노화를 일으키게 된다. 또한 기미 등 피부의 이상 색소침착의 원인 물질인 멜라닌(melanin)은 티로신이 티로시나아제의 촉매 작용으로 산화반응을 유발하여 생성되고, 이때 반응성이 높은 활성산소(active oxygen)가 존재하면 멜라닌 생성이 급격히 증가하게 된다.

자외선의 강도는 일 년 중 5월에서 7월에 가장 높고, 12월에서 2월에 가장 낮으며, 하루 중에는 오전 10시부터 오후 2시까지 최대를 나타낸다. 신체 부위별로는 코나 뺨, 아랫입술에 받는 양이 많으며, 피부 내부에 도달하는 자외선의 양은 파장에 따라 다르고 장파장이 될수록 진피 깊숙이 도달한다.

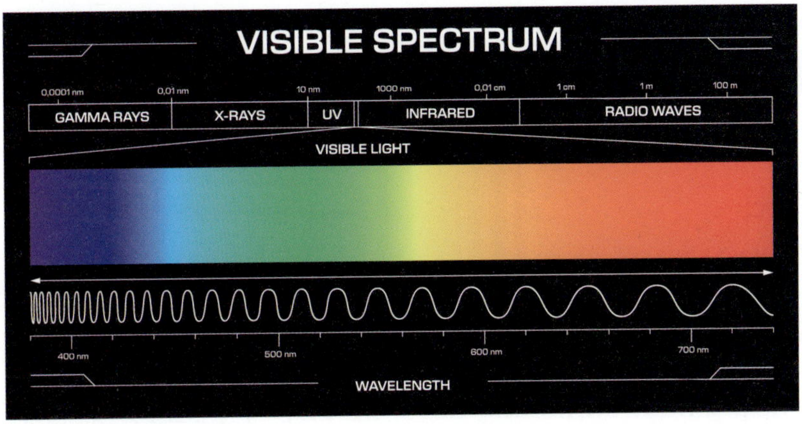

(2) 자외선 차단지수

① 자외선 차단지수(SPF: Sun Protection Factor)

자외선 차단 화장품이 UVB로부터 피부를 보호할 수 있는 정도를 수치화하여 표시한 것으로, 자외선 차단제품을 도포하지 않은 부위에 UVB를 조사하여 얻은 홍반량을 자외선 차단제품을 사용하여 얻은 최소 홍반량으로 나눈 값이다.

최소 홍반량(minimum erythemal dose, MED)은 UVB를 사람의 피부에 조사한 후 16~24시간에서 조사영역의 거의 대부분에 홍반을 나타낼 수 있는 최소한의 자외선량을 말한다.

$$\text{SPF} = \frac{\text{UV 차단 화장품을 사용했을 때의 최소 홍반량}}{\text{UV 차단 화장품을 사용하지 않았을 때의 최소 홍반량}}$$

② 자외선 A 차단지수(Protection factor of UVA, PFA)

UVA에 대한 차단 정도를 나타내는 수치로 자외선 차단 화장품 도포 부위와 무도포 부위의 MPPD의 비를 자외선 A 차단지수(protection factor of UVA, PFA)라 한다.

UVA 조사 후 2~4시간 내에, 조사 영역의 전 영역에 기본적으로 희미한 흑화가 인식되는 최소 자외선 조사량을 최소 지속형 즉시 흑화량(minial persistent pigment darkening dose: MPPD, 이하 MPPD라 한다)이라 한다.

자외선 A 차단등급(PA)은 Protection grade of UVA의 약칭으로 피·에이라 부르며, UVA 차단효과의 정도를 나타낸다.

[표 5-3] 자외선의 차단 정도

PFA	UVA 차단 정도 분류	UVA 차단효과
2 이상 4 미만	PA+	있음
4 이상 8 미만	PA++	상당히 높음
8 이상	PA++++	매우 높음

③ 자외선 차단에 도움을 주는 제품

강한 햇빛을 방지하여 피부를 곱게 태워주는 기능을 가진 화장품 및 자외선을 차단, 산란시켜 자외선으로부터 피부를 보호하는 기능을 가진 화장품이다. 주로 자외선에 의해 발생하는 피부에 대한 유해반응을 방지 또는 개선시키기 위해 사용되지만 화장품 자체의 자외선에 의한 열화를 방지하기 위해 사용되기도 한다.

자외선 차단제는 유기물 계통의 자외선 흡수제와 무기물 계통의 자외선 산란제로 크게 나누어진다. 자외선 흡수제는 자외선을 별도의 에너지로 변환시킴으로써 자외선을 흡수하는데, 파장이나 흡수계수가 달라지고 이에 따라 자외선 A 흡수제, 자외선 B 흡수제로 나누어진다. 자외선 산란제는 자외선을 물리적으로 반사, 산란시키는 무기화합물 계통의 분체이며, 시판되고 있는 자외선 차단 기능성 화장품의 대부분은 자외선 흡수제나 산란제를 여러 가지로 혼합하여 피부의 외측에서 자외선을 차단함으로써 자외선에 의한 피부의 손상을 방지하는 개념이었지만, 최근에는 피부 내부에서도 자외선을 방어할 수 있는 새로운 기능이 부가된 자외선 차단 화장품이 개발되고 있다.

자외선 산란제의 경우 자외선 흡수제와 달리 무기물질로 피지에 녹지 않기 때문에 피부 내부로 침투하지는 않지만 이 또한 자외선을 받으면 활성화되어 독성을 나타낼 수 있다. 자외선 산란제 자체로는 독성이 없지만 빛을 받으면 독성이 생기는데 이와 같은 물질을 광독성 물질이라 한다. 따라서 자외선 차단 화장품에는 필수적으로 항산화 성분이 첨가되어야 한다. 대표적인 항산화제는 비타민 E, 베타카로틴, 녹차 추출물 등이다.

자외선 차단지수를 SPF(sun protection factor)로 표시하고 이는 자외선 차단제품을 사용했을 때와 사용하지 않았을 때의 최소 홍반량(MED, minimal erythema dose)의 비율을 말한다. 자외선으로부터 피부를 보호하는데 도움을 주는 고시 원료는 글리세릴파바, 드로메트리졸, 디갈로일트리올리에이트 등이 있다.

식약처에 고시된 자외선 차단 기능성 화장품 원료는 다음과 같다.

- 글리세릴파바(Glyceryl PABA) 3.0%
- 드로메트리졸(Drometrizole) 7.0%
- 디갈로일 트리올리에이트(Digalioyl Trioleate) 5.0%
- 4-메칠벤질리덴 캄파(4-Methylbenzylidene Camphor) 5.0%
- 멘틸안트라닐레이트(Menthyl Anthranilate) 5.0%
- 벤조페논-3(Benzophenone-3) 5.0%
- 벤조페논-4(Benzophenone-4) 5.0%
- 벤조페논-8(Benzophenone-8) 3.0%
- 부틸메톡시디벤조일메탄(Butyl Methoxylbenzoylmethane) 5.0%
- 시녹세이트(Cinoxate) 5.0%
- 옥토크릴렌(Octocrylene) 10.0%
- 옥틸디메칠파바(Octyl Dimethyl PABA) 8.0%
- 옥틸메톡시신나메이트(Octyl Methoxycinnamate) 7.5%
- 옥틸살리실레이트(Octyl Salicylate) 5.0%
- 옥틸트리아존(Octyl Triazone) 5.0%
- 파라아미노안식향산(p-AminobenzoicAcid) 5.0%
- 2-페닐벤즈이미다졸-5-설폰산(2-Phenylbenzimidazole-5-sulfonic Acid) 4.0%
- 호모살레이트 10.0%

- 징크옥사이드(Zinc Oxide) 25.0%
- 티타늄 디옥사이드(Titanium Dioxide) 25.0%
- 이소아밀-p-메톡시신나메이트(Isoamyl-p-Methoxycinnamate) 10.0%
- 비스 에칠핵실 옥시페놀 메톡시 페닐트리아진(Bis-Ethylhexyloxyphenolmethoxyphenyl Triazine) 10.0%
- 디소듐 페닐 디벤지미다졸 테트라설포네이트(Disodium Phenyl Dibenzimidazole Tetrasulfonate) 10.0%
- 드로메트리졸 트리실록산(Drometrizol Trisiloxane) 15.0%
- 디엑칠헥실부타미도트리아존(Diethylhexyl Butamide Triazone) 10.0%
- 폴리실리콘-15(Polysilicone-15) 10.0%
- 메칠렌비스-벤조트리아졸릴테트라메칠부틸페놀(MethyleneBis-Benzotriazolyl Tetramethylbutylphenol) 10.0%
- 테레프탈릴리덴 디컴퍼설포닉 애씨드 및 그 염류(Terephthalylidene Dicamphor Sulfonic Acid) 10.0%
- 디에칠아미노하이드록시벤조일헥실벤조에이트(Diethylamino Hydroxybenzoyl Hexyl Benzoate) 10.0%

4) 아토피 화장품

(1) 아토피의 정의 및 원인

아토피(atopy)란 그리스어로 '뜻을 알 수 없는' 혹은 '비정상적인'이란 뜻으로 알 수 없는 원인으로 발병하여 완화와 재발이 반복되는 만성 또는 재발성의 습진 또는 건조의 증상을 띄는 가려움증이 심한 만성 피부 질환이다. 급성기에는 홍종과 수포를 동반하고, 만성으로 변하면 건조한 각질과 피부의 비후, 즉 태선화가 생기는 피부 질환의 일종이다. 발생 부위는 주로 눈 주위, 입 주위, 귀 밑, 코 밑, 목 주변, 가슴 주관절, 슬관절의 오금 등이다.

아토피의 주된 특징은 심한 소양감이다. 일정한 주기와 원인 없이 가려우며 반복해서 긁게 되면 피가 나고 2차 감염을 일으키기도 한다. 아토피의 원인은 크게 감마-리놀렌산 같은 필수 지방산의 부족과 유전적인 요인과 환경적인 요인으로 나눌 수 있다.

아토피 피부는 각질층 내의 피부장벽 기능을 하는 세라마이드의 함량이 감소하면서 피부의 수분이 감소하고 피부장벽의 기능이 저하되어 자극물질에 의한 자극 반응, 정상피부에는 침입하기 어려운 단백질 등의 침입으로 피부 알레르기 등이 쉽게 발생한다.

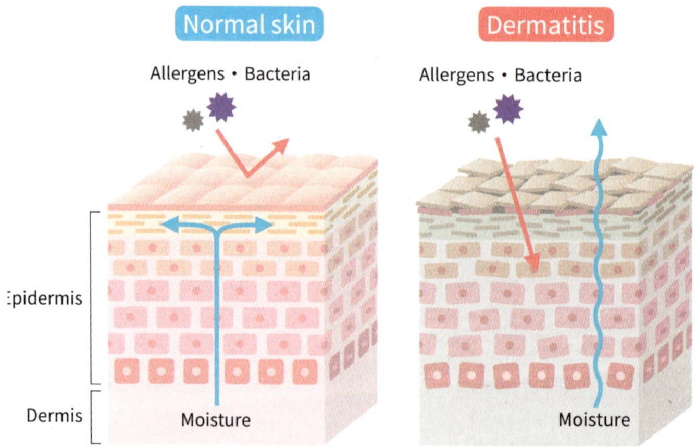

(2) 아토피 화장품

아토피 피부 관리는 첫째, 피부의 청결과 항원물질 제거이며, 둘째, 피부 장벽기능의 강화를 통해 자체 보습 능력을 높이는 것이다. 샤워나 목욕 등을 통하여 피부에 묻은 먼지, 집먼지 진드기, 피부 유해균, 땀, 기타 이물질 등을 씻어냄으로써 아토피 피부의 악화 요인을 제거하는 것이 중요하며, 땀을 많이 흘린 경우에는 잘 씻어야 하고, 세정이 적절하지 않거나 과도하면 오히려 상태를 악화시킬 수 있으므로 주의해야 한다.

아토피 피부는 매우 건조하므로 적절한 보습제를 발라야 하며, 감소된 세라마이드 등을 보충하기 위해 세라마이드가 함유된 보습제를 꾸준히 발라주어야 한다. 또한 정상피부보다 pH가 높으므로 알칼리성 비누보다는 약산성의 세정제를 사용하는 것이 좋으며, 장시간의 목욕은 피하고 미지근한 물로 샤워를 하도록 한다.

5) 여드름 화장품

(1) 여드름의 원인

여드름이 생기는 원인은 정확히 알려져 있지 않으며, 가장 흔한 피부병으로 인종과 나이에 관계없이 여드름이 생기며 10대와 젊은이에게 가장 흔하다. 여드름은 피부의 기름샘에 영향을 주는 질병으로 피지 분비가 왕성해지거나 모공 안쪽의 각질이 두꺼워지고 모공이 막혀서 피지선에서 분비된 피지가 밖으로 나오지 못해 쌓이면서 발생하는 것으로 알려져 있다.

여드름은 여러 가지 유형이 있으며, 화이트 헤드는 피부의 표면 아래에 있는 여드름이며, 블랙 헤드는 피부 표면으로 올라오는 여드름으로 검정색을 띤다. 또한 압통을 유발할 수 있는 작은 핑크 돌기의 구진과 바닥이 빨갛고 위에 고름이 있는 농포여드름, 피부 깊숙이 있는 커다랗고 아프며 단단한 결정여드름 등이 있다.

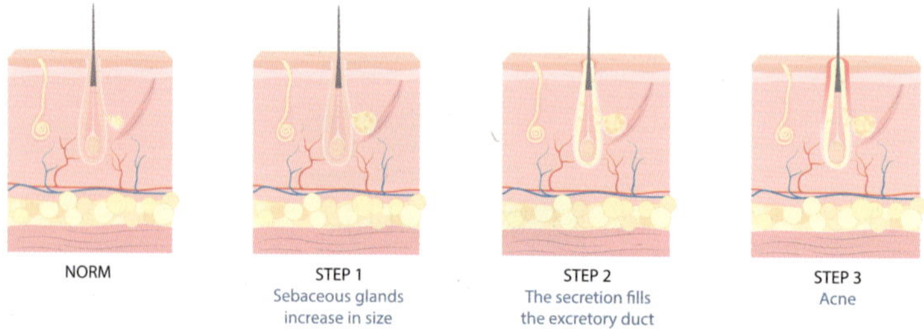

(2) 여드름 화장품의 구성

여드름이 생기는 원인도 다양하다. 호르몬의 증가, 임신 중 호르몬의 변화,

피임약의 시작이나 중단, 유전, 일부 유형의 약, 기름기가 많은 메이크업 등 다양한 원인이 있다. 여드름의 발생 원인으로는 피지 분비의 증가, 모피지관의 과각화, 세균의 집락화, 염증의 발생 등이 있다.

과다한 피지 제거를 위한 세안은 자극이 적은 비누나 약산성 세안제를 사용하여 피부 속 노폐물과 메이크업 잔여물을 완전히 제거하여야 하며, 화장품은 유성 성분이 적은 제품으로 선택하여 짙은 화장은 모공을 막을 염려가 있기 때문에 피하는 것이 좋다. 여드름용 화장품에는 여드름균의 살균을 위한 살균제 이외에 피지 분비의 억제를 위해 수렴제가 배합되기도 한다. 또한 과다한 각질을 제거하기 위하여 각질용해제가 배합되는 것이 보통이다.

각질용해제로는 유황(sulfur), 레졸신, 살리실산(salicylic acid), 단백질 분해효소가 많이 사용된다. 그 외 염증 완화 목적으로 글리칠리틴산 등의 함염증제가 배합된다.

여드름용 화장수는 피부를 긴장시키는 수렴성 화장수에 살균제와 각질용해제 등을 배합한 것으로 수렴 작용을 하는 에탄올의 함량이 많은 편이다.

6) 각질 제거 화장품

정상적인 피부는 투명하고 깨끗한 외관을 유지하지만 각질이 누적된 피부는 불투명하고 탄력이 떨어지게 된다. 이러한 각질을 제거하여 원래의 맑은 피부톤으로 회복시키는 제품이 각질 제거용 화장품이다.

(1) 각질의 발생

정상적인 피부 표면은 기저 세포의 분열에 따라 생성된 새로운 표피 세포에 의해 밀려 떨어져 나가게 되는데, 이를 피부의 순환주기(turn over)라고 한다. 또한 어떠한 이유에 표피가 과각화되거나 순환주기가 어긋날 때 또는 나이가 들어 피부 순환주기가 늦어지는 경우에는 피부의 재생능력이 떨어지고 푸석푸석하고 불투명한 피부톤을 형성하게 된다.

(2) 제품의 구성

각질의 제거방법은 화학적 방법과 물리적 방법으로 나눌 수 있다. 화학적 방법에는 효소와 같이 수분과 온도를 적절히 이용하여 자극 없이 각질을 제거하는 방법과 알파히드록시산(alpha-hydroxy acid, AHA)을 이용하는 방법이 있다. AHA에 이용되는 물질은 글리콜산(glycolic acid), 젖산(lactic acid), 사과산(malic acid), 주석산(tartaric acid) 그리고 구연산(citric acid) 등이 함유된 성분으로 표피층 내에 있는 불필요한 물질을 제거하여 표피에 죽은 각질을 제거하는 역할을 한다.

AHA는 각질 세포의 제거뿐 아니라 햇빛 등에 의한 피부의 노화현상을 회복시키는 기능도 하며, 25%의 글리콜산(pH 3.5)을 6개월 정도 사용하면 멜라닌 색소가 고르게 분포되고 탄력 섬유(엘라스틴)의 기능이 향상된다. 또한 교원섬유(콜라겐)의 수를 증가시켜 피부 주름을 감소시키고 피부를 유연하게 해준다.

7) 제모제

미용상의 목적으로 팔, 다리, 겨드랑이 등에 난 털을 화장품으로 제거하는 방법으로 물리적인 제거방법과 화학적인 제거방법이 있다. 물리적으로 제거하는 방법은 탈모 왁스나 탈모 테이프를 피부에 붙여 털을 제거하는 것이다.

탈모 왁스는 로진(rosin)의 밀랍과 파라핀을 배합한 것으로 가온하여 녹인 뒤 피부에 붙인 후 냉각되면 털이 같이 고화되어 강제로 털을 제거하는 것이다. 이 방법은 떼어낼 때 불편함이 있고 피부에 큰 자극이 있으며, 털이 뽑히거나 모포 내에서 끊어지기 때문에 다시 나는 데까지 상당한 시간이 걸린다.

이에 반해 화학적인 제모방식은 털을 구성하는 케라틴에 작용하여 털을 연화시켜 용해하여 절단하는 것이다. 이에 주로 사용되는 성분은 티오글리콜산의 염류이다. 이는 케라틴의 시스틴 결합(-S-S)을 환원제의 작용으로 절단하는 것으로 퍼머넌트 웨이브 용제에 사용하는 것보다 더욱 강한 알칼리성이다. 티오글리콜산과 그 염류는 일반적으로 불쾌한 냄새가 있고 피부를 자극할 염려가 있어 비교적 냄새가 적고 자극성이 덜한 티오글리콜산칼슘을 많이 사용한다. 티오글리콜산칼슘이 함유된 제품은 산화되기 쉽기 때문에 피부에 두껍게 바르고, 털의 두께에 따라 적절한 양을 사용하도록 한다.

3. 기능성 화장품의 시장 규모 및 연구 개발 동향

화장품에 대한 소비자의 인식 변화와 소비 성향의 고급화 추세로 인해 특수 기능을 가진 제품에 대한 관심이 급격히 증가하면서 기능성 화장품의 수요가 꾸준히 증가하고 있다.

식약처에서 발표한 화장품 산업 주요 통계자료 분석에 따르면 2023년 국내 기능성 화장품 생산액은 2022년 대비 18.2%가 증가한 5조4천391억 원을 기록했다. 전체 생산액의 37.5%를 점유했다.

복합 기능성 제품은 4천535억 원이 증가해 24.2%의 성장세를 보였고, 주름 개선 제품은 3천259억 원으로 27.8% 증가했으며, 자외선차단 제품은 811억 원으로 19.3%가 증가했다.

소비자들의 항노화 제품에 대한 관심 증대와 고급화된 요구는 기능성 화장품 생산을 연평균 20.5% 성장시키며, 화장품 산업의 성장을 주도하고 있다. 초기에는 로션, 크림 등 기초 화장품 위주로 개발되었으나, 현재는 마스크팩, 비비 크림, 밤 등의 형태로 제품군이 다양화되고 있다.

국내 화장품 기술의 연구 개발은 1960년대에 시작되어, 1970년대 경제 성장과 함께 급속히 발전하였다. 1980년대에는 생물공학 기법을 활용한 원료 개발과 리포좀 캡슐화를 통한 효능 증진 제품이 등장하였다.

1990년대 이후, 화장품의 초점은 단순 보습에서 미백, 주름 개선 등 기능성을 강조하는 방향으로 전환되었고, 활성 성분의 연구와 경피 흡수 방법, 피부 생리에 대한 기초 연구가 활발히 진행되었다.

특히 2000년대 이후에는 기술 발전으로 인해 피부에서 생리적 활성을 조절하는 코스메슈티컬(cosmeceutical) 개념이 강조되고 있다. DNA chip을 활용한 피부 유전자 분석, 3-D 배양 기술을 이용한 효능 검증, 나노기술을 활용한 효능 성분의 피부 투과 촉진 연구 등이 활발히 진행되고 있다. 이러한 연구는 기능성 화장품의 효능을 극대화하며 안전성과 유효성을 강화하는 데 기여하고 있다.

PART 6

모발 화장품

1. 모발 화장품의 개요

모발 화장품은 두피와 모발을 청결하고 아름답게 유지하기 위해 사용되는 화장품이다. 모발(hair)은 사람의 외모에 있어서 중요한 부분을 차지한다.

길고 윤기 나는 검은 머리카락을 가진 사람, 헤어 왁스를 사용하여 멋있게 정돈된 헤어스타일을 가진 사람, 염색 모발을 가진 사람, 손상된 모발을 가진 사람 등을 보면 알 수 있듯이 모발의 상태와 형태는 사람이 본래 가지고 있는 얼굴 모습과 함께 사람의 이미지에 큰 영향을 준다. 즉, 얼굴 부분의 모습과 모발의 형태가 사람의 용모를 결정한다고 할 수 있다. 모발은 사람 피부의 일부이지만 그 구조와 기능이 피부와 차이가 크기 때문에 모발과 모발의 근원인 두피를 관리하는 모발 화장품은 기초 및 색조 화장품과는 여러 가지 측면에서 다른 점이 많다.

모발 화장품은 사용 목적에 따라 다양한 제품이 있으며, 통상의 모발관리에 있어서는 세발하기 위해서는 샴푸(shampoo)와 린스(rinse)를 사용하고, 세발 후 흐트러진 모발을 정돈하고 유연하게 하는 정발(整髮, conditioning)효과 및 두피 및 모발에 영양효과를 주기 위해 헤어 크림, 헤어 로션 또는 헤어 트리트먼트가 사용된다.

헤어 스타일링(hair styling) 효과를 보다 강력하게 주기 위해서는 헤어 젤(hair gel), 헤어 왁스(hair wax), 헤어 무스(hair mousse), 헤어 스프레이(hair spray)를 사용할 수 있다. 또한 흰머리나 새치머리를 은폐하거나 검은 모발을 갈색 등으로 바꾸기 위해서 염모제(hair dye) 및 탈색제(bleach)가 사용되며, 겨드랑이나 팔, 다리에 난 미관상 보기 좋지 않은 털들을 제거하기 위해 제모제(depilatory)를 사용한다.

일반적으로 스트레이트 형태인 모발을 영구적으로 웨이브 형태로 만들어 주는 퍼머넌트 웨이브(permanent wave)제를 퍼머액이라고 한다. 머리카락이 비정상적으로 빠지는 경우 탈모를 억제하거나 방지하기 위해서 헤어 토닉과 탈모방지 양모제가 사용되고, 빠진 머리를 다시 나오게 하기 위해서 발모제가 사용된다.

1) 샴 푸

샴푸는 두피 및 모발의 오염을 제거하고 비듬이나 가려움을 억제하며 두피와 모발을 청결하고 아름답게 유지하기 위해 정기적으로 사용되는 화장품이다. 모발은 땀, 피지, 비듬과 같이 두피에서 발생하는 생리적인 오염과 먼지, 모발 화장품 잔류물의 외부 환경적인 오염에 의해 시간이 경과함에 따라 모발의 외관 및 냄새가 나빠지게 된다. 두피에 존재하는 피지샘으로부터 분비된 피지는 대부분 트리글리세라이드\(triglyceride)의 오일 성분으로써 두피에 존재하는 미생물에 의해 분해되거나 공기에 의해 산화되어 냄새가 나거나 두피에 자극을 주는 물질이 생성된다.

또한 두피의 정상적인 대사활동의 결과, 떨어져 나온 작은 각질세포들과 피지 성분 등에 의해 뭉쳐 커다란 각질세포들이 비듬 형태로 두피 및 모발에 부착된다. 샴푸 중의 세정 성분은 이러한 오염물들을 효과적으로 제거하며 샴푸

중의 정발성분이 모발 표면에 흡착 침투하여 부드럽고 윤기 있는 모발로 만들어 준다. 샴푸를 사용하여 세발 시 두피 부분을 마사지하게 되면 두피 오염물이 쉽게 제거될 뿐만 아니라 마사지에 의해 두피 부분의 혈액순환을 원활하게 하여 건강한 모발이 생성되도록 해준다.

(1) 샴푸의 기능

샴푸는 세발 시 거품을 내어 두피 및 모발의 오염을 제거하고 물로 헹구어내는 과정을 통해 세정과 정발효과를 나타낸다. 이러한 샴푸가 갖추어야 할 기본적인 품질 특성은 다음과 같다.

- 두피 및 모발의 오염에 대한 적당한 세정효과
- 부드럽고 풍부한 거품으로 세발 중 마찰에 의한 모발 손상 방지
- 세발 후 모발에 자연스러운 윤기와 적당한 정발효과
- 세발 중과 세발 후 상쾌하고 매력적인 향기효과
- 두피, 모발 및 눈에 대한 저자극성

샴푸의 주성분인 음이온 계면활성제는 두피 및 모발의 오염을 제거하는 역할을 한다. 샴푸는 두피 및 모발을 세정하여 청결하게 하는 것이 주목적이었지만, 최근 소비자들의 요구하는 기능이 다양화되어 세정을 기본 기능으로 하고 모발의 정발효과, 비듬 방지효과 등의 부가기능이 추가된 샴푸가 많은 편이다.

일반적으로 투명액상의 샴푸보다는 진주광택 불투명(펄) 액상의 샴푸가 모발에 대한 정발효과가 우수하다. 그 이유는 세발 후 모발에 잔류하여 모발에

정발효과를 부여하는 성분들의 대부분이 샴푸 내에 투명하게 용해하지 않고 입자 상태로 유화 분산되어 있어 샴푸가 불투명하게 나타나기 때문이다.

최근에는 범용 샴푸보다 기능이 강화된 샴푸가 주로 사용되고 있는데, 정발효과가 강화되거나 특히 손상된 모발을 보호해 주는 상품 등이다. 잦은 세발, 염색, 파마는 모발을 손상시키기 때문에 모발 손상의 예방, 손상된 모발의 보호 및 손상 악화 방지를 위해 이러한 샴푸는 세발 시 반드시 사용해야 한다.

또한 동물성 지방의 섭취 및 오염된 환경의 영향으로 비듬 발생 빈도가 높고 비듬에 대한 미용적 관심의 증가로 비듬방지 샴푸가 사용되기도 한다. 또한 피지 분비가 많거나 헤어 스타일링제 등 모발 화장품의 잔류물을 제거하기 위해 세정효과가 강한 딥클렌징 샴푸와 세발을 자주하기 때문에 두피부분이 민감하여 세정효과가 적고 두피에 자극성이 적은 저자극성 샴푸가 있다.

이상과 같이 다양한 기능들이 단독 또는 2가지 이상의 복합된 형태로 샴푸에 부여하고 있어 실제로 샴푸의 종류는 대단히 많다고 할 수 있다.

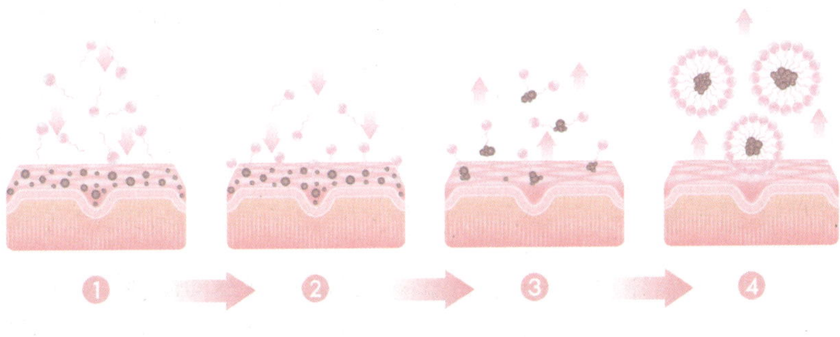

(2) 샴푸의 종류

시중에서 판매되는 샴푸는 건성모발용, 지성모발용, 그리고 정상모발용으로 나눌 수가 있다. 지성용 샴푸에는 계면활성제가 많이 포함되어 있으며, 모발로부터 피지를 좀 더 효과적으로 유화시키는 혼합법을 채택하고 있다. 건성용 샴푸는 컨디셔너가 많이 포함되어 있다.

① 산성 샴푸

모발 케라틴이 pH 4~6에서 안정된 상태로, 산성 샴푸(acid shampoos)는 구연산, 인산, 젖산 등에 의해 pH가 5~6 정도의 약산성으로 조정되어 있다. 약산성은 모발의 팽윤을 억제시키고 피부에 스며드는 것을 둔화시켜 윤기가 흐르게 하지만, 거품이 적게 일고 세정력도 떨어지는 단점이 있어 너무 더러워진 두피와 모발에는 맞지 않다. 살균성, 유연성이 있어 두피가 거친 사람, 비듬증이 있는 사람, 탈색과 염색 등으로 모발이 손상된 사람들에게 적합하다.

② 컨디셔닝 샴푸제

컨디셔닝 샴푸(conditioning shampoos)의 일차적 목적은 세정이며, 이차적으로 모발을 조절하고 수정하여 외향을 증진시키고 손질을 쉽게 하기 위한 목적이 있으며, 모발의 견고화, 유연화, 헝클어짐 방지, 빗질의 유연성, 볼륨,

탄력, 정전기 방지 등의 효과를 얻기 위한 것이다. 소량의 동물성, 식물성, 광물성 성분이 첨가되어 있으며 모발의 장력과 다공성 모발에 효과가 있다.

③ 베이비 샴푸

베이비 샴푸는 거품 생성능력과 세정력이 조금 뒤지더라도 눈, 피부, 모발에 자극이 없고 안정성이 있어야 한다. 그래서 비자극성 계면활성제를 사용하여 순하지만 세정력이 떨어지는 경향이 있다.

④ 비듬방지 샴푸

비듬은 두피의 각질세포가 정상보다 빨리 굳어지면서 건조되어 쌀겨 모양으로 심하게 일어나는 현상을 말한다. 비듬의 원인은 확실하게 밝혀지지 않았지만 비듬균(pityrosporum ovale)이 원인일 것으로 추측되고 있다.

비듬은 세균 증식과 관계가 있기 때문에 활성조절제로 살균제를 첨가해야 하는데, 비듬방지 샴푸는 일반적으로 약 2~3%의 징크필리치온(zinc pyrithione)을 함유하고 있다. 징크필리치온은 유황의 화합물로 비듬과 가려움을 억제하는 작용이 뛰어나고, 유황보다는 작용이 온화하기 때문에 비듬제거 샴푸의 성분으로 널리 사용되고 있다.

(3) 샴푸의 구성 성분

① 기포 및 세정기제

주로 음이온 계면활성제와 양이온성 계면활성제가 이용되며, 이 두 가지의 계면활성제를 같이 배합한 제품도 많다. 비이온성 계면활성제로는 알카놀아미드, 알킬아민옥사이드 등이 있다.

② 컨디셔닝제 및 보습제

세정제만으로 구성된 샴푸는 사용 후 모발이 푸석해지고 뭉치는 등의 단점이 있기 때문에 양이온화 셀룰로오스 등의 고분자나 광물유나 에스테르유 또는 실리콘 등의 컨디셔닝제를 배합한다. 보습제로는 스킨케어 제품과 마찬가지로 글리세린이나 프로필렌글리콜 등의 다가 알코올류가 주로 이용된다.

③ 점도 조절 및 성상 조절제

샴푸는 적당한 점도성이 있어야 사용 시 불편함이 없으며, 점도 조절을 위해 지방산 알카놀아미드나 소금 등의 무기염을 이용한다. pH 조정제로는 구연산, 황산, 염화나트륨, 트리에탄올아민 등을 이용한다.

④ 기능 부여제

비듬용 샴푸에는 아연피리치온이나 피록톤올라민 등의 비듬방지제가 배합된다. 사용 후 두피를 시원하게 해주는 청량감 부여제로 멘톨 등이 배합되기도 한다.

⑤ 안정화제

낮은 온도에서 보관하면 석출현상과 배합된 여러 성분과의 반응에 의한 변색 및 자외선에 의한 변색이나 탈색 등이 있을 수 있으므로 하이드로트로프제, 킬레이트제 또는 자외선 흡수제 등을 배합하기도 한다.

⑥ 방부제

균의 혼입에 의한 부패를 방지하기 위하여 안식향산염이나 파라벤류 등의 방부제가 배합된다. 일반적으로 샴푸의 방부력은 pH에 영향을 받아 중성 부근에서 가장 약하다. 방부제로는 용해성이 양호한 안식향산염이 많이 이용된다. 제품 중에서 해리도를 고려하여 pH 6 이하에서 효과를 발휘한다.

⑦ 색상 및 펄제

착색제는 주로 색소나 펄리(pearly)한 외관을 만드는 펄화제가 이용된다. 펄화제로 이용되는 성분에는 고급 지방산의 글리콜에스테르 등 지방산 유도체와 색조 화장품에 이용되는 운모나 티탄, 마이카 등 무기화합물이 있다.

2) 린 스

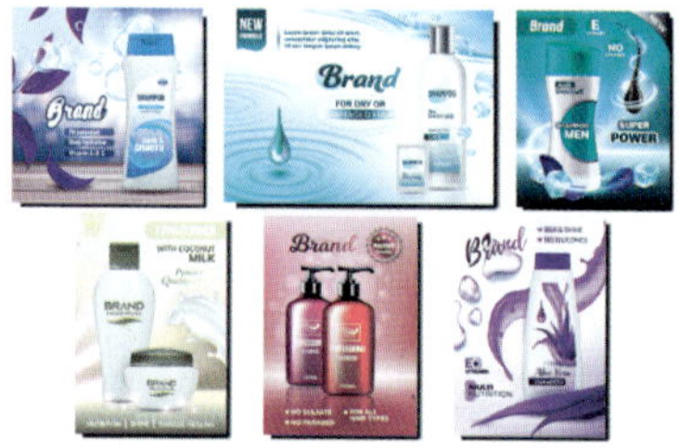

샴푸로 세발 후 모발을 보다 아름답게 유지하기 위해 사용하는 것이 린스(rinse)이며, 컨디셔너(conditioner)라고도 한다. 샴푸로 거품을 내고 마사지한 후에 물로 헹구고 다음에 린스를 사용하고 다시 물로 가볍게 헹구게 된다. 이와 같이 샴푸 후 헹구어 낼 때 사용하기 때문에 헹굼이라는 의미로 린스라고 한다.

린스 중에 함유된 정발 성분은 샴푸 후 깨끗해진 모발 표면에 균일하게 흡착하여 정전기를 방지하고 모발의 윤기와 감촉을 큰 폭으로 향상시킨다. 최근에는 치료제적인 성질을 주거나 트리트먼트 효과를 준 것이 많이 시판되고 있다.

(1) 린스의 기능과 종류

샴푸로 세발 후 사용하는 린스가 갖추어야 할 기본적인 품질 특성은 다음과 같다.

- 모발을 매끄럽게 하여 빗질이 쉬움
- 모발을 부드럽고 촉촉하고 윤기 있게 만듦
- 정전기가 발생하지 않아 모발 손질이 용이함
- 모발 보호에 의한 손상 방지
- 향기효과와 저자극성

린스의 종류는 제품이 추구하는 개념에 맞추어 손상 케어, 마일드 케어, 스타일링 케어, 비듬과 가려움 방지 등으로 다양하다. 시판되고 있는 제품은 대부분 에멀션형으로 크림이나 로션 등을 만들 때 적용되는 유화기술로 만들어진다.

(2) 린스의 구성 성분

① 양이온 계면활성제

양이온 계면활성제는 린스의 기본기능을 발현하는 가장 중요한 역할을 하는 성분으로 모발에 흡착성이 우수하고 모발을 유연하게 하며, 정전기 발생을 방지한다. 양이온 계면활성제의 막이 모발 내부의 수분 증발을 방지하여 모발이 일정 수분을 보유하게 하고, 흡착을 막는 윤활 작용을 하기 때문에 정전기 발생을 방지하게 된다.

현재 가장 널리 이용되고 있는 것은 모노알킬형 4급 암모늄염, 디알킬형 4급 암모늄염, 알킬아미드아민 등이 쓰이고 있다.

② 정발 및 보습제

모발의 컨디셔닝 효과를 주기 위해서 사용되는 정발 및 보습제 등에는 실리콘 유도체, 에스터 오일, 고급 지방 알코올, 다가 알코올, 유동 파라핀, 라놀린 유도체, 동물유, 식물유 등이 사용된다. 이러한 성분들은 모발과 화학적 또는 물리적 흡착을 통해 모발 표면에 막을 형성하거나 모발 내부로 침투한다. 린스에 함유되는 정발 및 보습성분은 대부분 물에 녹지 않는 유성성분이기 때문에 이들 성분을 안정하게 유화시키기 위해서 유화제를 사용한다.

③ 방부제

린스는 양이온 계면활성제 자체의 항균성이 있어 샴푸와 비교하여 강한 방부력을 요구하지 않기 때문에 무방부제의 제품도 가능하다. 하지만 실제 사용할 경우 균의 혼입에 의한 품질의 열화가 생길 수 있으므로 파라벤류나 안식향산 등이 배합된다.

(3) 린스의 종류

① 크림 린스(Cream Rinse)

샴푸 후 모발에 유분을 주기 위한 것으로 오일 린스의 결점을 개선한 것이다. 소비자들은 부드러운 느낌의 크림성 린스를 선호하며, 젖거나 마른 머리에 손질이 쉬워지며 모발에 광택과 유연성을 주고 알맞은 수분을 유지시켜 준다.

② 산성 린스(Acid Rinse)

비누를 사용하여 샴푸하는 경우 물속의 칼슘이나 마그네슘 등이 비누와 반응하여 물에 녹지 않는 불용성의 금속비누를 생성시키는데, 이를 제거하기 위해 산성 린스를 사용한다. 또한 알칼리 등으로 팽윤·연화된 모발을 수축시켜 탄력과 광택을 주고 빗질을 좋게 한다. 산성 린스제로는 주석산, 구연산, 초산 등을 사용하고 있으며, 천연의 레몬즙이나 식초를 10배 희석해 사용하기도 한다.

③ **컨디셔닝 린스(Conditioning Rinse)**

손상모의 회복제로는 토코페롤, 폴리펩티드, 레시틴 등이 함유되어 있다. 유성 성분은 양이온 계면활성제와 함께 모발을 약산성인 유성막으로 덮어 정전기 발생을 방지하고 빗질이 용이하게 하며 건조를 방지해 준다.

3) 헤어스타일링 제품

헤어스타일링제는 모발을 아름답게 하고, 매력을 더해주고, 용모를 변화시키기 위해서 사용하는 제품이다. 빗, 드라이어, 손 등을 사용하여 모발을 원하는 형태로 만들어 주고 고정시켜 주는데, 즉 스타일링(styling)과 세팅(setting)하는데 사용한다.

종류로는 헤어 크림, 포마드, 헤어 오일, 헤어리퀴드 등의 정발제와 헤어 스프레이, 헤어 젤 등의 정발, 세팅제를 들 수 있으나 유행에 따라 이름을 달리하는 제품들도 많다.

(1) 헤어 스타일링제의 원료

스타일링 제품의 기능은 자연스럽게 헤어스타일을 정리하고 고정시키는 것이며, 형태는 유성 타입과 알코올을 함유하는 수성 타입 등이 있다. 유성 타입은 광택의 지속성은 좋지만 머리가 너무 가라앉고 샴푸가 어렵기 때문에 특별한 목적 외에는 잘 사용하지 않는다.

스타일링제의 주요 원료로는 고형 유지 및 왁스류의 목납, 바세린, 칸테릴라 왁스, 비스 왁스 등이 있다. 헤어 오일로 사용되는 원료로는 피마자유, 올리브유, 파라핀유, 스쿠알란, 이소프로필 등이 있다. 헤어 무스나 스프레이에 많이 사용되는 수용성 고분자 원료인 폴리비닐피롤리돈, 카보머 등이 많이 쓰인다.

(2) 에어로졸 프로펠란트

헤어스타일링 제품 가운데 헤어 무스나 헤어 스프레이 등은 내용물이 분사되는 제품으로 이들 제품은 분사제가 함유되어 있어야 기능을 발휘할 수 있다. 분사제로는 액화가스와 압축가스가 있다. 액화가스는 실온에서는 기체이나 압력이 가해짐에 따라 용이하게 액화하는 것으로서 밀폐된 용기 안에 액체와 기체가 공존하기 때문에 안정한 압력에 의해 내용물을 분사시킬 수 있다. 액화가스의 종류는 다음과 같다.

① **액화석유가스**(LPG. liquified petrolatum gas)

탄화수소인 프로판, 부탄, 펜탄의 배합비율에 따라 압력을 조절할 수 있으며, 가연성이므로 사용할 때 화기가 닿지 않도록 주의해야 한다. 모든 가스분 사용 제품은 내용물을 다 사용한 다음에는 못 등으로 구멍을 뚫어 남아 있는 가스를 모두 배출시켜야 한다.

② **디메칠에텔**(DME. dimethyl ether)

물에 대한 용해성과 헤어 세팅제와의 상용성이 좋고, LPG와 혼합하여 사용할 수도 있다. LPG와 마찬가지로 가연성이므로 화기에 주의해야 한다.

③ **프레온**(CFC. chlorofluorocarbon)

Cl(염소), F(불소), C(탄소), H(수소)로 구성된 가스로 안전성이나 안정성면에서 헤어 제품의 분사제로 많이 이용되었으나, 오존층을 파괴하는 원인으로 밝혀지면서 국내 사용이 규제되고 있다.

4) 육모제

육모제는 비정상적인 탈모의 진행을 예방, 방지하기 위하여 또는 빠진 머리카락을 다시 나게 하는 발모를 위하여 두피에 사용하는 제품이다.

모발은 계속 성장하여 길이가 길어지지만 수명이 있어 3~6년이 경과하면 자연적으로 모낭으로부터 떨어져 나온다. 모발이 성장기, 퇴행기, 휴지기의 순서대로 헤어 싸이클(hair cycle)을 거치는 동안 퇴행기나 휴지기가 되면 모발의 성장이 정지되고 머리카락이 빠지기 쉬운 상태가 된다. 정상적인 사람의 경우 하루에 50~100개의 머리카락이 빠지며, 자연적인 노화, 유전적인 원인,

스트레스의 과다, 식생활의 변화 등의 이유로 정상인보다 많은 개수의 머리카락이 빠지는 탈모, 머리카락이 가늘어지는 박모(薄毛)의 증상이 발생한다.

(1) 탈모의 원인

모발은 케라틴(keratin)이라는 단백질로 구성되어 있는데, 모발의 성장은 모세혈관이 연결되어 있는 모낭 속의 모유두(papilla) 부분에서 시작된다. 즉, 체내로부터 영양 성분을 혈관을 통해 공급받아 모유두의 안쪽에 있는 모모세포에서 세포분열 및 증식으로 케라틴을 지속적으로 만들어 낸다.

탈모의 주요 원인은 모유두 및 모포부에 혈액순환 저하, 모발을 만들어 내는 모모세포의 기능저하, 남성 호르몬 과잉 분비, 피지의 과잉 분비, 비듬의 과잉 발생, 두피 부분의 세균 감염, 영양 섭취 부족, 자율신경계의 이상 등이다. 이러한 원인들은 유전 및 노화현상에 의한 것뿐만 아니라 음식, 정신적 스트레스, 위생 상태 등에 의해 복합적으로 발생한 것이다.

또한 동물성 지방의 과잉 섭취 또는 유전적인 원인으로 인한 두피 부분의 피지 과잉 분비는 모낭을 피지 성분으로 밀폐시켜 모발 성장을 저해하기도 한다. 탈모 증상을 가진 사람들의 대부분은 두피 부분의 피지양이 많다. 스트레스 및 비정상적인 생활습관, 출산 등은 자율신경계의 이상 및 호르몬의 불균형을 유발하여 탈모 증상을 발생시킨다.

(2) 양모제의 기능과 종류

육모제는 효능, 효과의 차이에 따라 화장품, 의약외품, 의약품으로 분류한다. 화장품으로는 헤어 토닉(hair tonic)과 스칼프 트리트먼트(scalp treatment), 의약외품으로는 탈모방지 및 양모제, 의약품으로는 발모제 등이 있다.

헤어 토닉의 경우는 비듬 및 가려움 방지와 두피 상쾌감을 주 기능으로 하고 있다. 탈모 방지 및 양모제는 탈모의 진행을 억제하고 모발 성장을 촉진한다.

육모제는 종류에 따라 그 기능이 다르기 때문에 탈모현상이 발생하기 전 평소 두피 및 모발의 관리를 위해서는 화장품인 헤어 토닉 또는 스칼프 트리트먼트를 사용하도록 한다. 여러 가지 원인에 의해 평소보다 머리카락이 많이 빠지는 등 탈모가 우려되는 경우에는 탈모방지제 및 양모제를 사용한다.

탈모의 치료 및 탈모 방지 제품은 크게 탈모 부위에 다시 모발을 자라게 하는 발모제와 두피와 모발에 영양분을 공급해서 머리카락을 건강하게 함으로써 머리가 빠지는 것을 방지하는 양모제로 분류할 수 있다. 또한 발모제품 가운데는 의사의 처방이 필요한 전문의약품과 처방이 필요하지 않는 일반의약품이 있으므로 발모제를 사용할 경우에는 의사와의 상담을 통해 처방을 받거나 약사와의 상담을 통해 자신에게 적합한 제품을 선택할 필요가 있다.

현재 국내에서 남성형 탈모 치료제로 식품의약품안전처의 승인을 받은 제품은 남성에게만 사용되는 전문의약품인 피나스테리드와 두타스테리드가 있으며, 미녹시딜은 남성형 탈모치료제로 일반의약품으로 의사의 처방 없이 약국에서 구입할 수 있는 제품이다.

(3) 육모제의 성분

탈모 방지 및 모발의 성장을 위해서는 모유두에 연결된 모세혈관의 확장, 모모세포의 기능 촉진, 두피 상태 정상화 등이 있으며, 모세혈관의 확장은 모모세포에 모발 성장에 필요한 영양분을 충분하게 공급하여 모모세포에서의 모발 성장을 촉진한다. 모세혈관의 확장을 통한 혈행 촉진을 위해서는 당약 추출물, 마늘 추출물, 비타민 E 유도체, 니코틴산아마이드, 염화카프로늄, 세라파친, 미녹시딜 등이 사용된다. 또한 국소자극 성분은 두피에 청량감을 주어 혈행을 촉진하기도 한다.

모모세포의 정상적인 기능은 모모세포에서의 세포분열이 왕성하게 일어나면 정상적으로 성장하게 된다. 모모세포의 기능을 촉진하기 위해서는 D-판토테닐알코올, 판토테닐에칠에테르, 비오틴, 감광소 301호, 펜타데칸산글리세라이드, 히오키티올 등이 사용된다.

두피 상태를 항상 청결하고 정상적인 상태로 유지하기 위해서는 두피의 염증 발생을 억제하는 항염 성분 그리고 염증 및 비듬을 유발하는 미생물들을 제거하는 살균 성분, 비듬의 생성을 억제하는 각질용해 성분, 과도한 피지 분비를 억제하는 성분들이 사용된다. 두피가 건조하면 유연성이 저하되고, 두피 아래의 혈류량도 감소해 모발의 성장환경이 악화되어 탈모로 이어진다. 따라서 두피를 적당하게 촉촉하고 유연하게 하기 위해서 보습제를 사용하며 육모제의 배합 성분 중 하나이다.

탈모의 원인은 다양하기 때문에 원인별로 유용한 성분들을 복합 사용하고 있다. 육모제의 유효 성분들은 통상 두피 내 모근부에 침투 및 작용하여 약리적인 효능을 나타내기 때문에 성분의 종류 및 함량에 대해서는 법규의 준수 및 안정성 확보 측면에서 세밀한 검토를 해야 한다.

5) 염모제

모발에는 멜라닌(melanin) 색소들을 함유하여 멜라닌 색소의 양과 조합비율에 의해 검은색, 갈색, 금발 등의 색상을 나타낸다.

염모제(hair color, hair dye)는 노화현상으로 나타나는 백발 또는 새치머리를 모발 본래의 색상으로 회복시키거나(백발염색), 모발 본래의 색상을 다른 색으로 변화시키기 위해(멋내기 염색) 사용하는 제품이다. 이러한 염모제는 염색의 목적, 색상, 염색효과의 지속시간에 따라 다양한 제품이 있다.

(1) 염모제의 기능과 종류

염모제의 종류가 다양하지만 염모제가 갖추어야 할 공통적인 기본 품질 특성으로는 모발에의 염색성이 우수하여야 하며, 모발을 손상시키지 않아야 하고, 사용 시 피부나 모발에 자극성이 적어야 하며, 사용 후 알레르기를 유발하지 않아야 한다. 또한 염색 후 공기, 햇빛, 샴푸 등에 의해 변색, 퇴색이 적어야 한다.

일반적으로 염모제의 염색 성분이 모발 내부 깊숙이 침투하여 염색효과가 강하고, 영구 염모제 또는 탈색제는 의약외품으로 분류되고 염색성분이 모발 표면에만 흡착 또는 표면의 얕은 속까지만 침투하여 염색효과가 강하지 않고 단기간 지속되는 일시 염모제 또는 반영구 염모제는 화장품으로 분류된다.

영구 염모제(permanent hair dye)는 산화염료(oxidation dye)를 함유한 제1제와 산화제(oxydizing agent)를 함유한 제2제로 구성되는데, 염색하기 바로 전에 제1제와 제2제를 혼합하여 모발에 도포한다. 혼합액은 강알칼리성이기 때문에 혼합액 성분이 모발 내부까지 깊숙이 침투를 하게 되며 침투한 산화제 성분은 모발 내부에서 멜라닌 색소들을 파괴하여 멜라닌 색상을 제거함으로써 산화염료의 발색효과를 증가시키게 된다. 또한 산화염료는 산화제에 의해 거대분자로 중합반응이 일어나면서 색상을 나타내는 발색물질이 되는데, 발색물질의 색상은 산화염료의 종류 및 수정제에 의해 결정된다.

산성 컬러 또는 헤어 매니큐어 같은 반영구 염모제(semi-permanent hair dye)는 산성 염료와 침투촉진제를 사용하여 산성염료가 모표피와 모피질의 외측 부분까지 흡착 침투시켜 염색효과를 낸다. 따라서 반영구 염모제는 염색효과가 2~4주간 동안만 지속된다.

일시 염모제(temporary hair dye)는 유기 또는 무기안료를 고분자 물질 또는 유지류로써 모발 표면에 부착시킨 것이기 때문에 염색효과가 약하며 세발을 하게 되면 쉽게 씻겨나가 모발 원래의 색상으로 쉽게 회복된다. 일시 염모제는 스프레이, 무스, 마스카라 타입, 크레용 타입 등 여러 가지 제형이 있다.

탈색제(bleach)는 산화제만을 함유하여 모발 내부의 멜라닌 색소들을 파괴하여 모발의 색상을 밝게 만들며 일단 탈색 처리한 모발의 색상은 시간이 경과하여도 변하지 않는다. 탈색 처리한 모발을 다시 염색을 하게 되면 보다 선명한 발색효과를 얻을 수 있다.

(2) 염모제의 성분

① 영구 염모제

영구 염모제는 산화염료와 알칼리제를 주성분으로 함유한 제1제와 산화제를 함유한 제2제로 구성되어 있다. 제1제에서 염색효과와 관련된 주성분은 산화염료, 직접염료, 커플러(수정제)이다. 산화염료는 산화되어 발색물질을 생성하기 때문에 1차 염료중간체 또는 산화 베이스라고도 한다.

커플러 또는 수정제는 산화염료의 일종으로써 단독으로는 발색물질이 생성되지 않지만 산화염료와 같이 산화되면 발색물질이 생성되고 색상을 짙게 하거나, 색상의 방향을 폭넓게 조정하는 작용을 할뿐만 아니라 염색효과의 지속성도 향상시킨다. 영구 염모제의 제 2제의 주성분은 산화제로 주로 과산화수소(hydrogen peroxide)가 사용되며 과산화수소는 금속이온이 존재하거나 알칼리 조건에서 쉽게 분해반응이 일어난다.

② 반영구 염모제

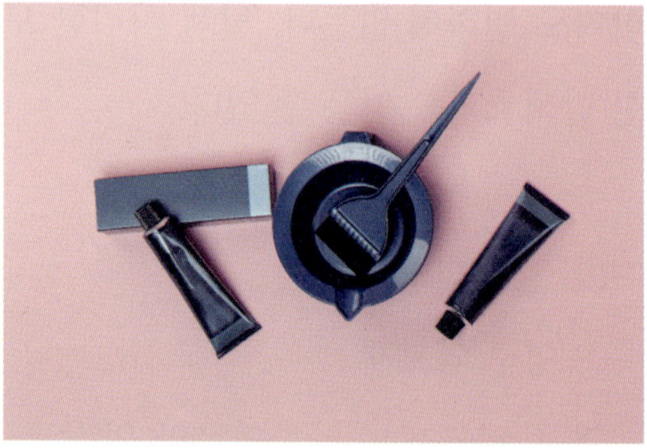

반영구 염모제는 영구 염모제와는 달리 제1제, 제2제로 구분되어 있지 않다. 염모제의 주요 성분은 산성염료, 산(acid), 침투촉진제 등으로 구성되어 있다. 산성염료는 산성환경에서 염색효과가 우수하기 때문에 유기산 또는 무기산을 이용하여 pH가 2~4로 조정한다. 산성염료의 염색효과를 오랫동안 지속시키기 위해서 단순히 산성염료가 모발 표면에만 염착하는 것이 아니라 모발 내부에도 침투할 수 있도록 침투촉진제를 사용한다. 침투촉진제로는 벤질알코올(benzyl alcohol)이 가장 자주 사용되고 1가 알코올과 다가 알코올도 사용된다.

③ 일시 염모제

일시 염색제에 사용하는 색재에는 물에 잘 녹지 않는 무기 및 유기안료, 펄안료 등의 직접염료가 사용되는 데 발색효과가 우수하고 은폐력이 높아야 한다. 무기안료의 경우 색상의 선명도는 유기안료보다 떨어지나 내광성, 내열성이 우수하다. 유기안료로는 물, 유성성분, 용제에 녹지 않는 유기 합성색소들이 주로 사용되며, 염료를 칼슘염으로 만들거나, 염료를 알루미나에 흡착시켜 물불용성으로 만든 레이크(lake)를 사용하기도 한다.

안료를 모발 표면에 고착시키기 위해서 유지, 왁스, 폴리머 등이 사용되며, 유지, 왁스, 수용성 폴리머는 점착성으로 에탄올 용해성 폴리머는 필름 형성으로 고착제의 역할을 한다.

④ 탈색제

탈색제의 주성분은 모발 내부의 멜라닌 색소들을 파괴하는 산화제로 알칼리제, 과산화수소, 과산염을 혼합 사용하면 아주 강한 탈색효과로 모발 내 멜라닌 색소를 거의 대부분 파괴시켜 밝은 황색의 모발이 된다. 이 외에도 과황산나트륨, 과황산염, 과황산칼륨, 과산화암모늄 등이 사용된다.

6) 퍼머액

퍼머액은 일반적으로 스트레이트 형태인 모발을 영구적으로 웨이브 형태로 만들어주는 제품이다. 반대로 웨이브 형태인 모발을 스트레이

트(straight) 형태로 바꾸어주는 제품을 헤어 스트레이트너(hair straightner) 또는 스트레이트 퍼머액이라고 한다.

퍼머액은 모발 내부 깊숙이까지 침투하여 모발의 내부 구조를 바꾸어 줌으로써 웨이브 및 스타일이 오래 지속될 수 있다. 또한 퍼머액은 염모제와 함께 헤어스타일에 장기적이고 큰 변화를 주는 제품으로 전문가에 의해 사용되는 것이 바람직하다.

(1) 퍼머액의 기능과 원리

퍼머액을 이용하여 퍼머를 시술하는 순서는 먼저 환원제(reducing agent)가 함유된 제1제를 모발에 바르면서 원하는 형태의 틀(roll, rod)에 모발을 고정시킨다. 모발을 틀에 고정시킨 상태에서 일정 시간이 경과되면 산화제(oxydizing agent)가 함유된 제2제를 모발에 바르고 10~15분 후에 틀을 제거하고 물로 헹구어낸다.

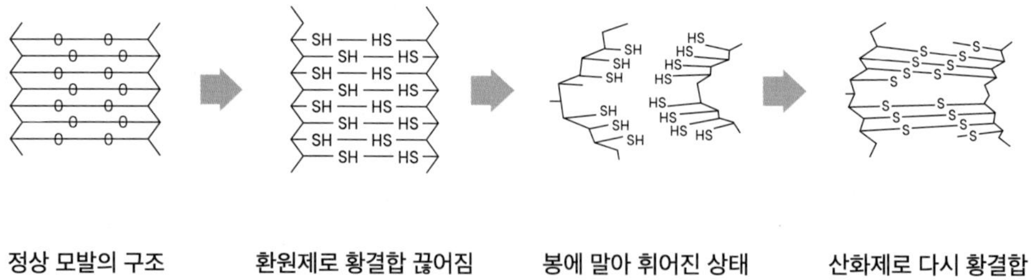

퍼머액의 작용 원리

(2) 퍼머액의 성분

① 퍼머액

퍼머액은 환원제와 알칼리제를 주성분으로 함유한 제1제와 산화제를 함유한 제2제로 구성되어 있다. 제1제의 환원제로서는 티오글리콜산(thioglycolic acid) 및 암모늄염 또는 시스테인(cysteine) 및 연산염이 주로 사용된다. 티오글리콜산은 시스테인과 비교해 환원전위가 높고 모발침투력도 뛰어나기 때문에 웨이브 효과가 우수하다. 하지만 강한 효과를 발휘하는 티오글리콜산은 모발에 대한 손상 문제를 발생시킬 수 있다.

퍼머액 제2제의 주성분은 산화제로 제1제에서 끊어진 시스틴 결합을 재결합시키는 작용을 하며, 과산화수소와 과붕산나트륨이 있다. 과산화수소는 과붕산나트륨보다도 산화력이 강하여 끊어진 모발의 탈색 및 손상 정도가 약한 것이 장점이다.

환원제와 산화제를 사용하는 퍼머액은 강한 화학 처리로 인해 모발의 손상을 유발하며, 퍼머액으로 인한 모발 손상을 방지하고 퍼머 후 거칠어진 모발에 정발효과를 부여하기 위해 정발 보습제가 사용된다. 다가 알코올은 모발 보습 효과뿐만 아니라 퍼머액의 모발 침투를 촉진하는 역할도 한다.

② 스트레이트 퍼머액

스트레이트 퍼머액은 앞에서 설명한 퍼머액과 구성 및 주요 성분은 동일하다. 즉, 스트레이트 퍼머액은 환원제와 알칼리제를 주성분으로 함유한 제1제와 산화제를 함유한 제2제로 구성되어 있다.

스트레이트 퍼머액의 제1제는 퍼머액의 제1제와 달리 점도가 높은 크림 형태이며, 점도를 높이기 위해서 점증제를 배합하는 데 주로 카르복시비닐폴리머, 글리세릴지방산에스터, 지방산, 고급 지방 알코올 등이 사용된다.

MEMO

PART 7

향 수

1. 향수의 기원

향수(香水)의 어원은 라틴어 '퍼퓨뭄(perfumum)'은 '연기를 통한다'는 의미를 담고 있으며, 영어로는 '퍼퓸(perfume)', 프랑스어로 '파르팽(parfum)'이라 불리게 되었다. 향수는 인류가 최초로 사용한 화장품이라고 볼 수 있다.

향수의 기원은 종교적 의식, 곧 신과 인간과의 교감을 위한 매개체로부터 출발하는데, 그 역사는 약 5,000년 전으로 거슬러 올라간다. 신을 신성하게 여겨온 고대의 사람들은 신에게 제사를 지낼 때 몸을 청결히 하고, 향기가 풍기는 나뭇가지를 태우고, 향나무잎으로 즙을 내어 신체에 발랐다고 한다.

현대의 불교와 유교권에도 향을 피우는 관습이 있는데, 일설에 의하면 향수는 수렵인들이 신에게 동물을 바칠 때 살이 타는 냄새를 숨기기 위해 시체에다 뿌리던 탈취제에서 시작되었다고 한다. 시간이 지나면서 연기의 향 자체가 동물의 시체를 대신하게 되었는데, 고대의 유황, 몰약, 계피, 감송 등의 수지 고무를 태우는 것이 신에게 바치는 최대의 경의가 되었다고 한다.

고대의 향료는 훈향(薰香)으로서 종교의식에 사용되었고 신체 또는 의복에 부착하는 풍습은 신체의 청정감과 함께 정신미화를 위하여 비롯된 것이다. 방향의 발상지는 파미르 고원의 힌두교국인 인도라는 것이 정설이다. 인도에는 후추를 비롯해서 침향·백단, 그 밖에 열대성 향료식물이 많아서 힌두교의 분향의식에 부족함이 없었다고 한다. 그 후 향수는 이집트 문명권을 거쳐 그리스와 로마 등지로 퍼져 귀족계급의 기호품이 되었다. 당시의 상인들은 부피가 작고 값이 비싼 향료를 화폐 대용으로 사용하였다고도 한다.

중세시대에는 향이 전염병 예방의 목적으로 쓰였으며, 향수의 사용이 늘어나자 향수의 남용을 싫어하던 교회는 향수를 타락과 사치의 상징으로 삼고 기독교인들의 향수 사용을 금지하기도 했다.

십자군 원정(1096~1270년)은 로마, 그리스, 이집트의 향료를 서유럽에 소개하는 중요한 계기가 되었다. 알코올의 발견과 함께 향료는 향수로 대중화의 길을 걷게 되는데, 근대적 의미의 향수가 나온 시기는 1370년경으로서, 지금의 '오 드 트왈렛' 풍의 향수인 '헝가리 워터'가 발명되었다. 이것은 헝가리의 왕비인 엘리자베스를 위해 만들어진 것으로서 증류향수이며, 최초의 알코올 향수이다. 이 향수로 인하여 그녀는 70세를 넘은 나이에도 불구하고 폴란드의 왕으로부터 구혼을 받기까지 했다고 한다.

그후 1508년 이탈리아의 피렌체에 있는 성 마리베라의 도미니크회 수도사가 향료 조제용 아틀리에를 개설, '유리향수'를 제조하면서부터 그 전성기를 맞게 되었다. 1533년에는 피렌체의 명문가문인 메디치가(家)의 딸 카트린 드 메디시스와 프랑스의 앙리 2세가 결혼하면서 그녀의 조향사(造香師)인 L.비앙코가 프랑스로 건너가 파리에서 향료·향수 가게를 열었는데 이것이 최초의 향수전문점이다.

오데코롱(eau de colon)은 18세기 초 독일의 쾰른에서 제조된 향수로 나폴레옹 원정 때 파리에서 전해지면서 크게 유행했다. 1709년에는 이탈리아 출생의 G.M 파리나가 독일의 쾰른으로 이주한 뒤 베르가모트유(油), 오렌지유(이상 감귤계), 네놀리유(장미향계) 등으로 화장수를 만들어 제품화하였다. 이것은 '쾰른의 물'이라는 이름으로 판매되었으며, 유럽 전역에 걸쳐 크게 유행

했다.

19세기에 들어 다양한 제조방법의 등장으로 향수가 대중화되기 시작하였으며, 산업혁명이 일어나고 유기화학이 발전하자 화학자들은 다양한 추출법과 조향기기를 만들어 제조기법을 발전시켰다.

19세기 중반을 넘어서면서 향수산업이 더욱 발전하였다. 1867년 파리국제박람회에서 향수와 비누가 제약 분야에서 분리 전시되었으며, 이것은 향수가 독립된 화장품 분야로 분류되기 시작하는 계기였다. 또한 1868년 최초의 인공향료인 '쿠마린(coumarin)'이 생산되었다. 이후 20년간 머스크(musk), 바닐라(vanilla), 바이올렛(violet) 등의 인공향료가 제조되었다.

20세기에 들어 향수는 패션과 접목되면서 전성기를 맞이하게 되었으며, 시대적인 배경에 따라 유행하는 향이 변하면서 유명 브랜드의 향수들이 다양하게 출시되었다.

2. 향수의 제조방법

향수는 하나의 향이 아닌 적게는 10~30가지, 많게는 100여 가지의 서로 다른 향료를 목적에 맞게 조합하여 구성하는 것으로, 다양한 이미지를 표현할 수 있으면서 향의 지속성을 유지하기 용이하다. 향수는 천연에서 추출한 천연 향료와 화학적으로 만들어진 합성 향료를 적절한 비율로 조합한 후 알코올에 용해시킨 것으로 향료의 배합비율, 즉 부항률에 따라 다양한 지속시간의 향수를 만들 수 있다.

향수를 위한 향의 조합은 먼저 디자인한 이미지에 알맞은 베이스 노트의 향을 선정하고, 시간의 변화와 함께 자연스럽게 발향하는 미들 노트를 추가한 후, 향수의 첫 이미지를 나타내는 탑 노트를 선정하여 배합하면 하나의 향수로 완성된다. 이렇게 완성된 향수는 냉암소에서 부향률에 따라 1개월~1년 정도 보관하면서 에탄올 향과 불안정한 물질을 제거하는 숙성(aging) 과정을 거치면 최종 제품이 완성된다.

3. 향수의 분류

향수의 분류 시 주의해야 할 점은 향수의 분류와 향의 분류는 다르다는 것이다. 향의 분류에 비해 향수의 분류는 절대적인 것은 아니며 일반적으로 업계에서 많이 사용되는 제품의 구분에 따라 분류되는 경향이 있다. 또한 부항률에 따른 향수의 분류 조향사가 조합한 향은 그대로 사용할 수 없기 때문에 적절한 용매(알코올, PG, 물)를 사용하여 희석시키므로 냄새의 발산력을 높이며, 그 농도에 따라 다음과 같이 나눌 수 있다.

향수는 부항률, 즉 알코올에 대한 향료의 비율에 따라 크게 4가지로 분류될 수 있는데, 부항률이 높을수록 향도 강해진다.

1) 퍼퓸(Perfume 또는 Farfum)

15~30%의 향료를 함유하고 있어 방향제품 중에서 가장 농도가 진해 향수로서의 풍부함이 가장 많고 지속 기간이 약 6~7시간 또는 그 이상 유지된다. 향의 완성도가 높아 '액체의 보석'이라 불리기도 한다. 향이 풍부하고 완벽하며, 향수에 아주 익숙할 때 또는 수집용으로 사용된다.

향이 강하기 때문에 소량을 귀 뒤, 목, 팔목 등의 부위에 바르거나 포인트를 줄부분에만 살짝 뿌리는 것이 좋다.

2) 오데 퍼퓸(Eau de Perfume)

9~12%의 향료를 함유한 제품으로써 향수와 오데 토일렛의 중간 타입이며 향수에 가까운 취각적인 풍부함이 있는 것으로 향수보다는 강도가 조금 낮아 부담이 덜한 제품이다.

향수에 가까운 지속성과 향기의 깊이가 있으면서 향수보다도 경제적인 것이 특징이며, 향기의 지속시간은 5~6시간 전후로 농도는 퍼퓸 다음으로 진하다. 향이 깊고 풍부하지만 너무 진하지 않은 향을 가졌다. 알코올과 증류수가 섞여 있다.

3) 오데 토일렛(Eau de Toilette)

6~8%의 향료를 알코올에 부향시킨 제품으로써 향수 제품들 가운데 가장 많이 사용되는 종류이다. 오데 코롱이 가진 가벼운 느낌과 향수의 지속성 2가지의 특성을 가지고 있으며, 지속시간은 4~5시간 정도이며 리치하면서도 상쾌한 향을 즐길 수 있다.

단어의 유래는 프랑스어로 'eau'는 '물'을 'toilette'은 '화장실'을 뜻한다. 원래는 화장실에서 나는 악취를 제거하는 용으로 쓰였으며, '몸차림을 정돈하기 위한 물'이라는 의미이다. 오늘날에는 가장 대중적으로 사용되고 있는 향수이다. 소프트한 느낌과 은은한 향을 가졌다. 가벼운 감각으로 간편하게 전신에 뿌릴 수 있어서 많이 애용되고 있다.

4) 오데 코롱(Eau de cologne)

부향률이 3~5% 정도로 15~20%의 증류수와 알코올 혼합물로 이루어져 있고 상쾌한 향취가 특색이며, 사용 후 2~3시간 정도 향이 유지된다.

향의 농도가 강하지 않아 향수를 처음 사용하는 사람도 부담 없이 사용할 수 있고 향에 민감한 사람들이 사용하기에 좋다. 가볍고 리프레쉬한 효과가 있으며 운동 후나 목욕 후 전신에 사용하기 좋은 제품이다.

5) 샤워 코롱(Shower cologne)

2~3%의 낮은 함량의 향료를 함유하고 있어 목욕이나 샤워 후에 은은하면서도 전신을 산뜻하고 상쾌하게 유지시켜 주며 몸의 악취를 제거시켜 주는 가볍고 신선한 타입의 바디 방향제품으로 부담 없이 사용할 수 있는 제품이다.

4. 향의 분류

1) 시간에 따른 분류

향수를 사용한 후 처음 향기가 나는 시간부터 지속되는 시간에 따라 탑 노트, 미들 노트, 베이스 노트의 세 가지로 분류된다. 이는 각 향료의 발향 특징에 따라 향수를 설계하는 기본이 되며, 전체가 하나의 향으로 구성되는 향수도 있지만 대부분의 향수는 이러한 계층적인 구성을 가지고 있다.

(1) 탑 노트(Top note)

향수 용기를 개봉했을 때나 피부에 뿌렸을 때, 그 즉시 나타나는 향으로 헤드 노트(head note)라고도 한다. 향의 지속시간은 10분 전후이다. 탑 노트는 레몬, 베르가모트 향유, 오렌지처럼 가볍고 휘발성이 강한 에센스를 사용하며, 미들 노트와 베이스 노트가 전개될 감정적인 토대를 마련한다. 휘발성이 높은 시트러스계, 그린계, 알데히드계, 가벼운 플로랄계를 많이 사용한다.

(2) 미들 노트(Middle note)

향수의 구성 요소들이 조화롭게 배합을 이룬 향의 중간 단계로서 하트 노트(heart note)라고도 한다. 탑 노트보다 느리게 진행되며, 보다 육감적이다. 향의 지속시간은 30분에서 1시간이다. 플로랄, 푸르트시프레, 스파이스, 그린, 오리엔탈 등이 여기에 속한다.

(3) 베이스 노트(Base note)

베이스 노트는 향의 기본 성격과 지속적인 품질을 결정하기 때문에 라스트 노트(last note)라고도 한다. 휘발성이 낮아서 가장 마지막에 나는 향으로 주로 무스크, 우디, 앰버, 오리엔탈 계열이 여기에 속한다. 지속시간은 2시간에서 향이 모두 사라질 때까지이다.

베이스 노트에서 풍겨나는 향취는 각 개인의 체취와 어울려 각자의 독특한 분위기를 연출한다. 따라서 같은 향수라도 개인의 향취에 따라 다른 분위기를 풍긴다.

2) 원료에 따른 분류

향을 원료에 따라 구분하면 크게 동물성 향료, 식물성 향료의 천연향료와 합성향료로 나눌 수 있다.

동물성 향료는 대부분 동물의 특수한 분비물이나 병적 산물이고, 향이 짙은 것은 불쾌한 냄새가 나지만 적당히 옅게 하면 좋은 방향을 얻을 수 있다. 머스크(musk; 사향), 시베트(civet; 사향 고양이), 카스트로(castor) 또는 카스토리움(castoreum; 해리) 등이 대표적이다.

동물성 향료는 생산량이 적어 고가이기 때문에 고급 향수에만 사용되며, 이러한 향료들을 산출하는 동물은 국제적인 보호조약의 규제 대상이 되고 있는 것이 많아 천연 동물성 향료는 점차로 사용되지 않고 있다.

식물성 향료는 식물의 꽃, 잎, 가지와 줄기, 나무 껍질, 뿌리, 과일이나 종자,

수액 혹은 식물체 전체에서 얻어지는 향료로 그 종류와 생산량이 풍부하기 때문에 향료로서 중요한 것이 많다. 식물성 향료로는 자스민, 장미, 네로리, 라벤더나 박하, 레몬이나 벨가모트 등이 있다.

합성향료는 화학적인 조작으로 얻는 향료로 화학구조가 단일한 방향화합물로 된 것이 많아 조합향료의 소재나 다른 합성 향료의 원료로 사용되기도 한다. 4,000종에 가까운 합성향료가 합성되어 있고, 이 가운데 약 500~600종류가 조합에 사용되고 있다.

3) 향취에 따른 분류

(1) 그린 노트(Green note)

장미, 자스민, 라일락 등의 복합 꽃 향취로 프로랄 또는 부케라 부른다. 19세기 프랑스에서 '아름답고 향기로운 꽃들의 조합'을 가리키는 말이었다.

(2) 시트러스(Citrus)

오렌지, 레몬, 베르가못, 라임 등의 과피에서 나는 상큼하고 가벼운 향취로 휘발성이 강하여 탑 노트에 많이 이용된다.

(3) 그린(Green)

자연에서 흔히 접할 수 있는 향취로 숲속의 풀이나 젖은 나뭇잎에서 느껴지는 싱그러운 향이다.

(4) 시프레(Chypre)

안개 낀 숲 속의 이끼류에서 느껴지는 향취로 시프레라는 명칭은 지중해에 있는 '시프러스'섬에서 느낀 향기의 인상을 따라서 1917년에 발매한 코티의 '시프레'라는 향수에서 유래되었다.

(5) 오리엔탈(Oriental)

동물성 향취로 무겁고 중후한 느낌을 주며, 발삼, 바닐라, 우디, 에니멀과 같은 향 등이 이에 속한다.

(6) 푸제아(Fougere)

라벤더, 오크모스, 쿠마린 등으로 구성된 향수를 모델로 한 향취로 싱싱하고 촉촉하며 중후한 느낌이 복합된 향취이다. 푸제아는 이끼를 나타내는 말로 자연이끼의 냄새를 표현한 향취이다.

(7) 우디(Woody)

나무껍질, 향목 등 나무를 연상시키는 냄새로 건조하면서 무거운 느낌을 나게 한다. 샌들우드, 삼목, 목단을 원료로 한다.

(8) 부수적인 향취 타입

▶ 후루티(Fruity)

과일 향취

▶ 알데히딕(Aldehydic)

알데히드(-CHO) 작용기를 가진 독특한 향취

▶ 마린(Marine)

해변가에서 느껴지는 향취

▶ 레더리쉬(Leatherish)

가죽 향취

4) 천연향의 추출법

식물에서 추출하는 천연향을 정유 또는 에센셜 오일(essential oil)이라고 하며, 주로 식물의 꽃잎, 줄기, 잎 등의 향기 나는 부분에서 추출된다.

천연향은 원료의 상태, 향의 특징에 따라 증기추출법, 흡수추출법, 압착추출법, 용제추출법 등으로 추출하며, 이 가운데 증기추출법이 가장 많이 사용되고 있다. 또한 용제추출법도 점차 많이 사용되는 추세이다.

증기추출법은 말린 식물의 잎, 줄기, 뿌리 등에서 수증기를 통과시켜 물 위

에 뜨는 오일과 추출물을 얻는 방법으로 간편하고 효율적이나 고온에서 향기 성분이 파괴될 수 있으므로 열에 약한 성분의 추출과 오일 함량이 적고 수용성 성분이 많은 식물에 부적합하다.

압착추출법은 과일 등을 상온 또는 향기 성분의 파괴를 막기 위해 냉동 상태에서 압력으로 눌러서 얻는 방법으로, 압착으로 추출된 성분은 원심분리를 하여 불순물을 제거한다.

흡수추출법은 정제된 동물성 유지를 이용하여 꽃잎의 향료를 흡수, 포착하는 방법으로 고급품의 향료 추출 시 사용된다.

용제추출법은 낮은 온도에서 용해되는 향료만을 휘발성 용매(에탄올, 메탄올, 헥산, 석유 에테르) 또는 비휘발성 용매를 이용하여 녹여내는 방법으로 대부분의 꽃향기는 이 방법을 통해 얻어진다.

MEMO

PART 8

맞춤형 화장품

1. 맞춤형 화장품의 정의

맞춤형 화장품이란 고객 개인별 피부 특성 및 색·향 등 취향에 따라 제조 또는 수입된 화장품의 내용물에 다른 화장품의 내용물이나 색소, 착향제 등 식품의약품안전처장이 정하는 원료를 추가하여 혼합한 화장품과 제조 또는 수입한 화장품의 내용물을 소분한 화장품을 말한다.

2. 맞춤형 화장품 판매업

1) 맞춤형 화장품 판매업의 등록 요건

맞춤형 화장품 판매업을 운영하려면 등록 절차를 따라야 하며, 이는 소비자에게 안전한 맞춤형 제품을 제공하기 위한 필수 조건이다. 맞춤형 화장품을 판매하고자 하는 업체는 관할 지방식품의약품안전청에 '맞춤형 화장품판매업' 신고를 해야 하며, 등록 완료 후에 영업 활동을 시작할 수 있다. 이 과정에서 신고자는 맞춤형 화장품조제관리사 자격 보유 여부와 시설 요건 충족 여부를 확인받는다.

2) 맞춤형 화장품조제관리사 자격 요건

맞춤형 화장품조제관리사 자격을 취득하기 위해서는 식품의약품안전처에서 실시하는 국가 자격시험에 합격해야 하며, 시험 과목은 다음과 같다.

- 화장품법의 이해: 화장품 관련 법령과 규제에 대한 지식을 평가
- 화장품 제조 및 품질관리: 맞춤형 화장품 제조 과정과 품질관리 원칙을 이해하고 있는지 평가
- 유통화장품의 안전관리: 유통 과정에서의 안전성 관리 지식
- 맞춤형 화장품의 이해: 맞춤형 화장품의 특성과 관련 규정에 대한 이해도 평가

자격시험은 매년 1회 이상 시행되며, 합격자는 맞춤형 화장품 판매를 위해 필수적인 자격을 갖춘 관리자로 활동할 수 있다.

3) 자격 취득 후 의무 교육

맞춤형 화장품조제관리사는 자격 취득 후에도 매년 식품의약품안전처가 지정한 교육기관에서 교육을 받아야 한다. 이 교육은 맞춤형 화장품의 안전성과 품질관리에 중점을 두며, 지속적으로 관리자의 전문성을 유지하고, 변화하는 화장품 관련 법규와 기술적 내용을 업데이트하기 위한 것이다.

4) 맞춤형 화장품 판매업소의 시설 요건

맞춤형 화장품 판매업소는 다음과 같은 시설 요건을 충족해야 한다.

- 혼합, 소분 공간의 분리: 혼합 및 소분 작업이 이루어지는 공간은 위생적 관리를 위해 다른 공간과 분리되어야 한다.
- 세척 및 위생 시설: 작업자의 손과 조제설비, 기구 등을 깨끗이 세척할 수 있는 시설이 필요하다.
- 오염 방지 설비: 맞춤형 화장품이 미생물에 오염되거나 다른 제품과 혼입되지 않도록 필요한 설비를 갖춰야 한다.

5) 맞춤형 화장품 판매업자의 책임과 준수 사항

맞춤형 화장품 판매업자는 품질 관리 및 안정성을 확보하고 소비자의 안전을 보장하기 위해 다음과 같은 사항을 준수해야 한다.

- 원료 안전성 확인: 혼합 및 소분에 사용되는 원료가 안전기준에 적합한지 확인하고, 사용 기한을 관리해야 한다.
- 기록 관리: 혼합, 소분, 원료 입고 및 사용, 판매 내역 등을 기록하고 보관하여 품질 이력을 추적할 수 있어야 한다.
- 소비자 설명 의무: 맞춤형 화장품 사용 시 주의사항 및 혼합에 사용된 원료의 특성에 대해 소비자에게 충분히 설명해야 한다.

6) 부작용 발생 시 보고 의무

맞춤형 화장품의 사용 중 부작용이 발생할 경우, 판매업자는 지체없이 식품의약품안전처에 보고해야 하며, 부작용이 발생한 제품을 신속히 회수하여 소비자 안전을 보장할 의무가 있다. 회수 대상 제품이 있을 경우, 책임판매업자와 협력하여 소비자에게 회수 절차를 안내하고, 적극적으로 회수 조치를 취해야 한다.

3. 맞춤형 화장품의 특징

1) 맞춤형 화장품의 개인화와 차별화

맞춤형 화장품은 고객의 피부 상태, 생활 습관, 환경 요인 그리고 개인의 기호를 모두 반영하여 제작되는 만큼, 일반 화장품과 차별화된 개인화된 접근이 특징이다. 이는 소비자가 필요로 하는 특정 성분이나 기능을 포함할 수 있는 제품을 맞춤형으로 제공해 줌으로써, 개별 소비자에게 최적화된 화장품 솔루션을 제시한다.

2) 맞춤형 화장품의 생산 및 제공 방식

개인의 피부 분석을 통해 꼭 필요한 성분을 선별하여 제품에 포함시키는 방식으로 이루어진다. 예를 들어, 수분이 부족한 피부에는 보습 성분을 추가하고, 민감성 피부에는 자극이 적은 성분을 사용하는 식으로 고객의 요구와 피부 상태에 따른 맞춤형 성분을 배합하는 것이 일반적이다.

3) 다양한 제품 형태와 맞춤형 제공 방식

맞춤형 화장품은 다양한 제공 방식을 가질 수 있으며, 고객이 특정 성분만을 추가할 수 있는 간단한 형태부터, 본인의 피부 특성에 따라 전혀 새로운 조합으로 제작된 맞춤형 제품까지 다양하게 맞춤형 옵션을 선택할 수 있다. 또한 최근에는 맞춤형 스킨케어 외에도 맞춤형 색조 화장품(예: 파운데이션 색상 조절) 등으로 적용 분야가 확대되고 있다.

4) 맞춤형 화장품의 장점

- 심리적 만족감: 고객은 자신의 피부 상태에 최적화된 화장품을 사용함으로써 심리적 만족감을 얻을 수 있으며, 자신의 개성을 반영한 제품이라는 인식이 긍정적인 사용자 경험으로 이어진다.
- 효능의 최적화: 개인의 피부 특성에 맞춘 성분을 사용하여 특정한 피부 고민을 효과적으로 해결하는 데 도움을 줄 수 있다.
- 피부 자극 최소화: 필요 없는 성분을 배제하고 꼭 필요한 성분만을 포함시키기 때문에 민감성 피부를 가진 고객에게 더욱 적합한 화장품을 제공할 수 있다.

5) 맞춤형 화장품의 단점과 한계

- 안정성 문제: 맞춤형 화장품은 사용자의 요구에 따라 성분을 다양하게 조합하기 때문에, 안정성이 제품마다 다를 수 있으며, 이에 대한 품질 관리와 안정성 검사가 중요하다.
- 사용 후기 및 데이터 축적의 어려움: 맞춤형 화장품은 개별적으로 조합되

는 경우가 많아 동일한 제품을 사용하는 소비자가 적다. 이로 인해 제품에 대한 사용 후기나 평가 데이터를 축적하기 어려워, 일반 제품과 비교해 충분한 제품 평가를 확보하기 어려운 한계가 있다.

- 비용 및 시간 소모: 맞춤형 화장품은 개별적인 처방과 제조가 필요하기 때문에 일반 화장품보다 비용이 높고, 제품 제작 시간이 더 소요될 수 있는 단점이 있다.

6) 맞춤형 화장품의 잠재적 발전 방향

- 피부 데이터 분석 및 AI 기술 적용: AI 기술을 통해 개별 소비자의 피부 데이터를 분석하고 맞춤형 성분 조합을 자동 추천하는 시스템이 점차 도입되고 있다. 이를 통해 소비자 맞춤형 조합의 정확성과 효율성을 높일 수 있으며, 피부 상태의 변화를 추적하여 맞춤 처방을 업데이트할 수 있다.
- 진화된 피부 진단 기기 활용: 피부 상태를 실시간으로 진단하는 기기와 연동하여 고객이 일상적으로 피부 상태 변화를 추적할 수 있도록 하여, 그에 맞는 맞춤형 제품을 지속적으로 제공할 수 있는 시스템이 발전하고 있다.

4. 맞춤형 화장품의 안정성

맞춤형 화장품은 고객의 피부 특성에 맞춘 다양한 성분을 혼합하여 제공하는 만큼, 안정성에 대한 철저한 검증이 필수적이다. 맞춤형 화장품의 안정성 시험은 제품의 물리적, 화학적, 미생물학적 안전성을 확보하고, 제품 용기와 내용물 사이의 적합성을 보증하기 위한 일련의 과정으로 이루어진다. 이를 통해 제품이 일정 기간 동안 안정성을 유지하며 소비자에게 안전하게 사용될 수 있도록 한다.

1) 안정성 시험의 일반 원칙

맞춤형 화장품의 안정성 시험은 보관, 운반, 사용 조건을 고려하여 이루어지며, 다음의 사항을 포함한다.

- 물리적 안정성: 제형의 색상, 냄새, 점도, 균일성 등이 장기간 보관 시에도 변화하지 않는지 확인
- 화학적 안정성: 주요 성분이 변질되지 않고 안정성을 유지하는지 확인
- 미생물학적 안정성: 제품이 미생물에 오염되지 않도록 관리하고, 장기간 보관 시에도 미생물 성장이 억제되는지 평가
- 내용물과 용기의 적합성: 용기와 내용물 간 상호작용이 없는지, 사용 기간 내내 내용물이 용기에서 안전하게 보관될 수 있는지 확인

2) 안정성 시험의 종류

(1) 장기보존시험

- 목적: 제품의 실제 사용기한을 설정하기 위해 장기간 보존 시에도 품질이 유지되는지를 확인하는 시험
- 평가 항목: 화학적 안정성(성분의 분해 여부), 물리적 안정성(색, 냄새, 점도 유지 여부), 미생물학적 안정성(오염 여부) 등을 포함하여 용기와 내용물의 적합성까지 평가
- 시험 기간: 일반적으로 실온 조건에서 6개월에서 1년 이상 보관하며 품질 변화를 관찰

(2) 가속시험

- 목적: 장기보존시험 결과를 예측하기 위해 고온, 고습 등 가속 조건에서 단기간 동안 제품의 안정성을 평가하는 시험
- 평가 항목: 화학적 분해, 물리적 변화, 미생물 오염 여부, 용기 적합성 등을 포함하여 제품 품질 유지 여부를 확인
- 시험 조건: 통상적으로 40°C 이상의 고온 조건에서 3개월 동안 제품의 안정성을 테스트하며, 가속 시험 결과를 바탕으로 실제 사용기한을 예측할 수 있음

(3) 가혹시험

- 목적: 예상하지 못한 극한 조건에서 제품이 어떻게 변하는지 확인하기 위한 시험으로, 제품의 취약성을 파악하고 문제 발생 가능성을 검토하는 데 활용
- 평가 항목: 고온, 저온, 극한의 습도 조건, 강한 빛 노출 등에서 화장품의 변색, 변질, 용기 변형 및 내용물 분해 여부를 평가
- 활용 목적: 보관, 운반, 진열 및 사용 과정에서 발생할 수 있는 품질 변화를 예측하고 대비할 수 있는 정보를 제공

(4) 개봉 후 안정성시험

- 목적: 개봉 후에도 일정 기간 동안 안전하게 사용할 수 있는지를 평가하기 위해 실시하며, 특히 제품의 미생물 오염 위험을 평가
- 평가 항목: 화학적 안정성, 물리적 안정성, 미생물학적 안전성을 포함해 개봉 후 발생할 수 있는 품질 변화를 확인
- 시험 조건: 개봉 후 일반적인 보관 조건(실온, 실내 환경)에서 일정 기간 동안 제품의 상태를 평가하여 사용기한을 설정, 개봉 후 권장 사용 기간을 지정할 수 있음

3) 안정성 확보를 위한 추가 고려 사항

(1) 원료별 안정성 데이터 수집

맞춤형 화장품은 다양한 원료를 혼합해 사용하는 경우가 많으므로, 각 원료의 특성과 혼합 시 안정성을 파악하는 것이 중요하다. 각 원료에 대한 안정성 자료를 확보하여 새로운 성분이 포함될 때에는 기존 데이터를 바탕으로 안정성을 예측할 수 있도록 한다.

(2) 보관 및 운반 조건 관리

맞춤형 화장품은 혼합 후 개별 소비자에게 전달되기까지의 보관 및 운반 조건이 매우 중요하다. 특히 온도와 습도 변화에 민감할 수 있기 때문에, 일정한 온도와 습도 조건을 유지하며 운반하고, 보관 시에도 안정성을 보장할 수 있는 최적의 환경을 설정하는 것이 필요하다.

(3) 고객 맞춤형 보관 및 사용 안내

맞춤형 화장품의 경우 사용자가 집에서 보관할 때의 조건도 안정성에 영향을 미칠 수 있다. 따라서 사용 시 주의사항과 최적의 보관 조건(예: 직사광선을 피하고, 서늘한 곳에 보관)을 소비자에게 명확히 안내하여 제품이 최대한 안정성을 유지할 수 있도록 해야 한다.

5. 맞춤형 화장품의 판매 및 준수사항

1) 맞춤형 화장품 판매 시설 기준

혼합 및 소분 공간의 위생 관리

- 혼합 및 소분 작업은 매우 위생적인 환경에서 이루어져야 하므로, 공간을 구획할 뿐 아니라, 정기적인 청소 및 소독을 실시해 미생물 오염 위험을 최소화해야 함
- 환기 시스템은 혼합 과정에서 발생할 수 있는 미세 입자나 냄새를 제거하여 작업 환경을 깨끗하고 안전하게 유지할 수 있도록 관리

작업자 위생 관리

- 작업자는 혼합 및 소분 작업에 앞서 손 소독 및 위생 복장 착용이 필수적이며, 위생을 유지하기 위해 장갑, 마스크, 작업복 등을 착용하여 화장품이 오염될 가능성을 줄여야 함
- 위생 교육을 정기적으로 실시해 작업자들이 시설 및 설비에 대한 위생 기준을 철저히 준수할 수 있도록 함

2) 맞춤형 화장품 판매업자의 준수사항

제품 품질 및 안전성 보장

- 혼합, 소분 과정에서 사용되는 모든 성분은 사전 품질 검사를 거쳐야 하며, 유효 성분의 배합 비율을 철저히 준수해 안정성을 유지
- 품질 및 안전성 관리는 단순히 완성 제품만을 대상으로 하는 것이 아니라, 원료 단계부터 최종 제품에 이르기까지 관리

사용기한 및 보관 조건 관리

- 최종적으로 혼합 및 소분된 맞춤형 화장품은 유통화장품 안전관리 기준을 준수하여야 하며, 혼합된 내용물의 사용기한 또는 개봉 후 사용기간을 초과하지 않도록 철저히 관리
- 사용기한 또는 개봉 후 사용기간을 초과한 제품을 판매하는 경우 소비자에게 피해를 줄 수 있으므로, 이를 방지하기 위한 효율적인 관리 시스템이 필요

3) 내용물 및 원료의 관리

입고 시 품질 검사

- 입고되는 모든 원료는 품질성적서를 구비하여 품질과 안전을 확인한 후 사용해야 하며, 특히 맞춤형 화장품의 특성상 다양한 성분을 혼합하므로

원료 간 상호작용에 주의해야 함

- 원료는 보관 중 품질이 변질되지 않도록 온도, 습도 조건을 준수하여 관리하며, 특히 미생물 오염의 위험이 있는 성분은 더욱 철저히 관리해야 함

재고 관리와 폐기 절차

- 사용 기한이 지난 원료는 별도로 분리해 즉시 폐기하고, 이 과정의 기록을 남겨 관리함으로써 재사용 및 오용 가능성을 차단
- 원료 사용 시, 일련 번호 및 사용 내역을 기록하여 재고를 투명하게 관리하고, 문제가 발생할 경우 추적 가능한 시스템을 운영

4) 맞춤형 화장품 기록 관리

기록 관리 시스템 구축

- 맞춤형 화장품은 고객에게 개별화된 제품이기 때문에, 각 고객에게 판매된 제품의 혼합 기록, 원료 사용 내역 등을 체계적으로 관리하여 제품의 이력 추적이 가능하도록 해야 함
- 제조번호는 식별번호로 부여해 관리하며, 원료별 입고, 사용, 폐기 내역을 상세히 기록해 문제가 발생할 시 신속히 원인을 파악할 수 있도록 함

안전성 및 품질 관리 기록 보관

- 최종 혼합 제품의 사용기한 및 개봉 후 사용 기간을 기록하고, 판매일자

및 판매량을 체계적으로 기록하여 고객에게 안전한 제품을 제공할 수 있도록 관리

- 생산 실적 기록은 품질 유지와 추후의 개선 작업을 위해 활용할 수 있으며, 맞춤형 화장품의 특성상 다양한 성분이 포함되므로 각 성분의 안정성 정보를 기록하고 업데이트하는 것이 중요

5) 소비자 설명 의무와 피드백 관리

소비자 설명 의무

- 맞춤형 화장품은 소비자에게 성분의 특성, 사용 방법, 주의사항을 충분히 설명해야 하며, 특히 사용자가 사용 중 발생할 수 있는 피부 반응이나 주의 사항을 안내하여 안전한 사용을 할 수 있도록 함
- 성분 혼합 시 안정성 변화를 인지시키고, 개봉 후 보관 방법 등을 상세히 안내하여 제품의 품질을 유지할 수 있도록 지원

피드백 관리 시스템

- 맞춤형 화장품은 소비자 개개인에 따라 반응이 다를 수 있으므로, 사용 후 소비자로부터 받은 피드백을 수집하고 분석하여 품질 개선에 반영할 수 있는 체계를 마련
- 소비자 부작용이나 불만 사례를 신속히 대응하고, 필요시 식품의약품안전처에 보고하여, 소비자 안전을 최우선으로 한 개선 조치를 취해야 함

6) 맞춤형 화장품 부작용 사례 보고

맞춤형 화장품은 개별 소비자의 요구에 따라 다양한 성분을 혼합하여 제조되는 만큼, 부작용 발생 시 신속하고 체계적인 보고 및 회수 절차가 매우 중요하다. 이를 통해 소비자의 안전을 보호하고, 유사한 사례의 재발을 방지할 수 있다.

(1) 부작용 발생 시 보고 절차

부작용 즉시 보고 의무

맞춤형 화장품 사용과 관련된 부작용 사례가 발생할 경우, 식품의약품안전처장에게 지체없이 보고하여, 해당 사례에 대한 신속한 조치가 이루어질 수 있도록 한다. 보고 시에는 다음 정보를 포함해야 한다. 제품 정보(제조번호, 혼합 성분, 사용 기한 등), 부작용 발생 내용(피부 반응, 증상 등), 소비자의 사용 상태 및 조건(보관 환경, 사용 기간 등), 소비자 연락처 및 추가 조사 필요시 협조 여부

조사 및 기록 보관

부작용 발생 시, 보고된 사례에 대한 조사 기록을 철저히 작성하여 보관하고, 유사한 부작용이 다른 소비자에게 발생하지 않도록 내부 품질 관리 체계를 재검토

(2) 회수 대상 제품의 식별 및 조치

회수 대상 제품의 식별 및 보고

부작용 사례로 인해 특정 맞춤형 화장품이 회수 대상임을 인지한 경우, 해당 정보를 책임판매업자에게 신속히 보고해야 하며, 판매업자는 해당 제품이 판매된 모든 소비자에게 연락하여 제품 회수를 위한 안내를 제공해야 한다.

적극적인 회수 조치

회수 대상 제품이 이미 소비자에게 전달된 경우, 소비자와 신속히 소통하여 회수 절차를 안내하고, 부작용 발생 가능성을 소비자에게 충분히 설명한다. 이 과정에서 소비자가 적절히 대응할 수 있도록 회수 일정, 제품 반납 방법 등을 명확히 제공하며, 회수된 제품은 정해진 절차에 따라 폐기하거나 재사용을 방지할 수 있도록 처리한다.

(3) 부작용 사례 데이터베이스 구축 및 분석

부작용 사례 데이터베이스 관리

맞춤형 화장품의 특성상 성분 배합과 사용 환경에 따라 다양한 반응이 나타날 수 있으므로, 모든 부작용 사례를 데이터베이스화하여 관리하는 것이 중요하다. 축적된 데이터를 통해 특정 성분 조합에서 발생할 수 있는 부작용 패턴을 파악하고, 향후 혼합 처방에 반영할 수 있다.

재발 방지를 위한 개선 조치

수집된 부작용 사례 데이터를 분석하여 성분별 안전 가이드라인을 강화하고, 소비자 안내 자료나 판매 직원 교육에 반영한다. 또한 특정 성분이나 조합에 문제가 있을 경우 제품의 혼합 범위 및 조건을 재조정하여 부작용 재발 가능성을 줄이는 것이 중요하다.

(4) 소비자 안전 교육 및 안내

소비자 사용 설명 강화

맞춤형 화장품의 안전한 사용을 위해, 사용 전후 발생할 수 있는 피부 반응이나 부작용 가능성을 사전에 안내한다. 소비자가 맞춤형 화장품을 사용할 때, 본인의 피부 상태나 알레르기 반응 여부를 고려하여 사용하도록 교육하여 부작용 발생 가능성을 최소화할 수 있다.

사용 후 이상 반응 대응 방법 안내

소비자에게 제품 사용 중 이상 반응이 나타날 경우 즉시 사용을 중단하고 의료 전문가의 상담을 받도록 안내하며, 문제가 발생했을 때 대응 방법을 숙지하도록 정보를 제공한다.

PART 9

화장품과 알레르기

1. 화장품의 부작용

화장품을 사용하는 목적은 아름다움을 가꾸고 용모를 매력적으로 돋보이기 위해서이며, 피부에 화장품을 도포함으로써 유해 환경으로부터 피부를 보호하고 표피의 건조함을 막아 노화의 진행 속도를 느리게 할 수 있다. 그러나 화장품도 제품에 첨가하는 성분이나 사용자의 개인적 체질, 사용 중의 오염 등에 의해 여러 문제점이 유발되기도 한다.

얼굴 피부에 매일 사용하는 화장품들이 의외로 잘못 사용되었을 때 피부와 트러블을 일으키는 경우가 많다. 접촉성 피부염과 같은 트러블이 있는 경우에는 화장품에 대한 점검을 주의 깊게 해야 한다.

화장품을 바르기만 하면 좁쌀 모양의 발진이 생기고 가려움증이 생기면서 과민 상태가 계속되는 것은 화장품에 대한 알레르기 반응이다. 이러한 알레르기는 특별한 화장품의 선택이 필요하나 실제로 일상에서 특수 화장품을 선택하기 어려워 화장품 과민 상태가 계속 나타날 수밖에 없다. 증상이 있을 때 치료하면 해결이 되지만 또 화장품을 바르게 되면 다시 재발하게 되므로 화장품 성분 중의 원인 물질을 밝혀내어 이들 성분을 제거시킨 화장품을 사용하는 것이 근본 대책이 될 수 있다.

2. 부작용을 일으키는 화장품의 성분

화장품으로 인한 접촉 피부염에는 여러 가지가 있으며, 화장품 속에 포함되어 있는 약물이나 향료가 원인이 되거나 화장품의 재료인 유지 속의 불순물이 원인이 되기도 한다. 이외에도 방부제, 모발 염료, 자극 성분 등이 있는데, 예를 들면 다음과 같다.

▶ 방부제

파라벤(파라옥신안식향산에스테르), 이미다졸리디닐우레아(lmidazolidinyl urea), 디아졸리디닐우레아(diazolidinyl urea) 등

▶ 모발 염료

P-페닐렌디아민(흑색), P-아미노페놀(황갈색), P-톨루엔디아민(흑갈색), 모노니트로-P-페닐렌디아민(적색), 하이드록시시트로네랄 등을 포함한 향료 등

▶ 그 외의 자극 성분

알루미늄염, 바륨염, 붕산, 크레졸, 불포화 지방산, 포름알데히드, 디오클리콜산염, 아연화합물, 황산라우릴알코올, 염화수은, 페놀포름알데히드수지, 프탈산염, 페닐렌디아민 유도체, 프로필렌글리콜, 살리실산, 황, 암모니아수은, 트리에타놀아민, 폴리에틸렌글리콜, 옥시벤젠, 에데트염산, 라우릴황산염류 등

1) 부작용 예방법

(1) 패치 테스트

접촉성 피부염을 확인하는 방법으로는 패치 테스트(patch test: 첩포시험)가 있다. 시험하고자 하는 제품을 팔 안쪽 등 사용 부위에 첩포하여 24시간 후의 반응을 파악한다. 반응이 음성이면 48시간 후 혹은 1주일 후에 다시 한 번 테스트하도록 하고 양성이면 피부에 맞지 않으므로 사용하지 않는다.

(2) 화장품 선택 시 주의사항

다음과 같은 경우에는 화장품 선택에 주의해야 한다.

① 향에 예민하며 피부 트러블이 잦다.

② 햇볕에 노출되면 쉽게 달아오르고 피부가 자주 가렵다.

③ 피부가 건조하고 과각화 현상이 일어난다.

④ 내장질환이 있다.

⑤ 어려서부터 아토피 체질이거나 후천적인 알레르기 체질인 경우

⑥ 화장품을 바꾸면 트러블이 일어나는 경우

⑦ 스트레스를 자주 받는 편이다.

⑧ 여성의 생리 및 그 전후나 갱년기의 여성

⑨ 산전, 산후나 병후의 기간

⑩ 약물 연용 중인 경우

⑪ 피부염이 발생하기 쉬운 봄, 여름철과 환절기

⑫ 화장품을 처음 사용하는 경우

접촉성 피부염의 발생 과정을 보면 사용하는 즉시 생기기도 하고 사용하고 난 후 2~3일에서 1주 정도에 생기거나, 사용하고 난 후 2~3개월에서 5~6 개월경에 생기기도 한다.

접촉성 피부염의 진행 상태로는 가벼운 경우에는 각질이 일어나고 거친 상태가 되며 심한 경우에는 모세혈관의 확장으로 인한 가려움을 동반한 충혈과 홍반, 궤양, 부종, 수포 등이 발생한다.

화장품 알레르기의 원인을 살펴보면 알레르기성 체질이나 화장품 속에 포함된 자극성 물질 등에 의한 경우가 가장 많다.

(3) 화장품 사용 시 주의사항

① 천연 성분의 화장품이라 해도 자극성에 대해 주의한다.

② 자신의 피부를 잘 파악하여 연령이나 환경, 개인에 따라 알맞은 화장품을 선택하도록 하고 계절에 따라 다시 체크하도록 한다.

③ 화장품의 유통 기한을 숙지하고 사용하는 과정에서 오염 및 변패를 초래할 수 있으므로 손으로 떠내지 않도록 한다.

④ 약용 크림이나 연고의 남용을 하지 않도록 한다.

⑤ 사용하던 제품은 신선도가 점점 떨어지므로 모두 사용한 후 다른 제품을 사용하도록 하며, 사용하다 방치한 후 해가 바뀐 화장품은 재사용하지 않도록 한다.

⑥ 화장품에 의한 피부염이 발생한 경우에는 사용 중인 화장품을 중지하고

증상이 있는 부위에 손을 대지 않는다. 세안을 할 때에도 비누 등은 피하고 물로 씻고 자극을 주지 않도록 한다.

2) 화장품에 의한 피부 자극

화장품에 따른 피부염의 증상을 분류해 보면 다음과 같다.

(1) 크림과 로션

화장품에 의한 피부염 중 가장 많은 비율을 차지하며 크림이나 로션을 만드는 재료에 의한 것과 향료, 약품에 의한 것이 있다.

(2) 페이스 파우더

향료 등이 원인이며 피부를 거칠게 하거나 비듬의 원인이 된다.

(3) 볼터치 및 립스틱

직접 혹은 광선의 작용에 의한 색소침착을 일으키는 경우도 있다.

(4) 아이섀도

눈 주위에 사용하므로 붓거나 붉은 색의 색소침착과 발적이 생길 수 있다.

(5) 매니큐어 및 리무버

손톱이 건조해 지거나 잦은 피막 형성으로 손톱이 약해진다.

(6) 파운데이션

피부의 모공 속에 남아있는 잔여물은 피부를 자극하고 뾰루지의 원인이 될 수 있다.

(7) 아이브로우 및 아이라이너

피부를 건조하게 하고 눈썹이 빠지거나 윤기가 제거되기도 한다.

3) 부작용을 야기하는 요인

(1) 여드름 유발 성분

화장품은 수분(물) 성분과 지방(fat) 성분들이 결합된 유화(emulisifying) 상태이므로 특히 지방 성분들 중에 모공의 입구를 막고 자극을 줄 수 있는 물질들이 많이 있을 수 있다. 모공을 막을 수 있는 지성 성분들을 comedogenic(여드름 유발) 성분이라고 하는데, 대표적인 여드름 유발 성분들은 다음과 같다.

① 동물성 오일

라놀린 오일, 밍크 오일, 향유고래 오일(spermacity), 우지(cow fat) 등의 동물성 오일들은 피부에의 흡수작용이 빠르고 모공을 막고 있을 가능성이 높다. 건성피부에는 매우 좋지만 지성피부, 특히 여드름 피부에는 유분의 증가로 여드름 유발이나 악화의 원인이 될 수 있다.

② 이소프로필 미리스테이트류(Isopropyl Myristate)

대표적인 유화제 성분으로 이소프로필(isopropyl)기가 피부에의 흡수작용이 빠르고 깊어 모공을 자극시킬 수 있다.

③ D&C 색소

천연 색소들과는 달리 D&C 색소들은 석탄산에서 추출한 성분들이며, 피부에 자극을 유발하므로 성분 및 함량에 제한이 있다.

④ 미네랄 오일

액체 파라핀으로 석유에서 추출되어 많은 불순물들을 함유하고 있으며, 정제가 잘된 미네랄 오일들은 유아나 예민한 피부에도 사용할 수 있고, 대부분은 정제가 안 된 미네랄 오일들이 화장품에 함유된 경우가 많다.

(2) 물리적인 접촉

트러블이 나기 쉬운 피부는 물리적인 접촉에도 주의를 기울여야 하며, 남자들의 경우에는 잦은 면도에 의해 피부가 자극을 받아 그 부위에 여드름이 발생하거나 악화되는 경우가 있으며 손에 의해서도 여드름이 더욱 악화될 수 있다.

(3) 열과 습도

열과 습도가 함께 높으면 염증성 여드름은 더욱 악화될 수 있다. 열로 인해 혈액의 흐름이 많아지고, 이에 따라 염증현상이 더욱 자극을 받을 수 있다.

(4) 여러 가지 오일

우리 주변에는 셀 수 없이 많은 오일의 종류들이 있는데, 여드름 피부와 오일 성분은 서로 상극이며 그중에서 미네랄 오일, 베이비 오일, 합성 오일, 화학물질 및 알코올성 오일, 소의 우지 및 각종 동물성 오일들은 대표적인 여드름 유발 성분으로 이들이 함유되어 있는 세안제 및 여러 마사지 오일에 대해 잘 살펴보고 사용해야 한다.

(5) 다이어트

향신료나 기호식품, 설탕 함유의 식품이 여드름을 쉽게 유발할 수 있으며, 인체에 혈당 함유량이 높아지면 인슐린의 생산이 방해를 받을 수 있기 때문에 인체 내의 호르몬 밸런스가 깨질 수 있고, 이로 인해 여드름이나 예민 피부가 될 가능성도 높아질 수 있다. 또한 무리한 다이어트로 인한 내장기관의 기능 저하로 음식의 소화 흡수에 문제가 일어나면 피부가 예민해져 알레르기 등 문제가 발생할 수 있다.

3. 화장품 클레임

화장품은 일상생활에서 매일 또는 장기간에 걸쳐 사용되기 때문에 모든 조건을 고려하여 사용상 안전해야 하며 부작용을 유발시켜서는 안 된다. 제품에 대한 안전성·유효성·품질확보가 필요한 제품이며, 화장품의 부작용을 일으키는 요인과 물질을 조사하고 화장품을 최대한 적합하게 사용하는 방법과 여러 가지 피부 문제를 방지하는데 필요한 기본 자료를 얻는데 목적을 두며, 제품을 판매한 후에는 사후관리를 통하여 부작용을 줄이도록 하여야 한다.

화장품에서의 클레임(claim)이란 화장품 사용 도중에 피부, 내용물에 이상이 생기는 것을 말하며, 소비자의 당연한 요구이며 주장인 것이다.

클레임의 발생 유형으로는 피부, 내용물, 사용상, 판매상 등의 유형이 있으며, 피부 클레임으로는 화장품 사용 도중에 피부에 나타나는 이상현상, 예민반응, 발진, 발열, 홍반, 부종, 소양증(심한 가려움증) 등이 있다. 내용물에 의한 클레임은 화장품 사용 또는 보관 중에 제품의 성상에 변취, 변색, 점도 변화 등으로 인해 발생할 수 있다.

사용상 클레임은 화장품을 사용하는 도중에 발생하는 부분이며, 판매상 클레임은 판매자에 의한 강매로 인한 심리적 부담과 구매 후 고객의 만족감 감소, 목표 달성을 위해 고객의 피부 상태를 고려하지 않는 결과 등의 클레임이 발생할 수 있다.

1) 피부 클레임

피부 부작용에 대한 내용으로 접촉성 피부염, 알러지, 예민반응, 악건성 등의 이유로 발생되며 피부 부작용에 대한 클레임을 방지하기 위해서는 패치 테스트를 실시하여야 한다. 예민한 피부와 트러블 경험피부 또는 화장품을 바꿀 때에는 팔 안쪽 등에 패치 테스트를 실시하도록 한다. 패치 테스트 시 안쪽에 사용할 내용물을 적셔 붙여 놓고 1~2일 정도 지나 떼어본 후 양성반응의 결과가 나오게 되면 화장품의 사용을 중단하고 음성반응의 결과가 나오면 서서히 적응 단계를 늘려 주어 사용하도록 한다.

예민피부의 원인으로는 다양한 이유가 있으며 다음과 같다.

- 유전
- 악건성
- 너무 자극적인 식품의 섭취
- 자극적인 물리적 클렌징 및 스크럽
- 피부 타입에 맞지 않는 화장품의 사용
- 바람, 자외선, 온풍기 등의 기후적 조건에 의한 극단적인 온도차
- 지나친 사우나
- 피부세포의 과영양화
- 예민한 성격
- 과도한 필링

피부 부작용으로 나타날 수 있는 피부 증상으로는 가려움과 발열 등의 증상이 나타나며, 눈에 두드러지지 않으며, 심한 가려움증과 피부가 두꺼워지는 등의 특징이 나타나는 접촉성 피부염이 있다. 또한 여드름 악화가 일어날 수 있으며 증상으로는 화농과 통증이 수반될 수 있고, 가려움은 없으나 자국이 남을 수 있다.

화장품에 클레임에 대한 대처 요령으로는 소비자가 안심할 수 있는 화장품 안전관리 체계를 확립하는 것으로 내용은 다음과 같다.

- 유통 단계별 취약 분야 사후관리 강화
- 위해 우려 화장품에 대한 관리 강화
- 중금속, 스테로이드 등 위해 우려 성분의 수거 검사 확대(중금속, Ph, 미생물 한도, 함량, 스테로이드 등)
- 온라인 불법유통 책임점검제 도입
- 소비자가 오인할 수 있는 문구, 표현 또는 의약품으로 오인할 수 있는 문안 등의 과대광고 표현 규제

2) 내용물 클레임

사용 중 내용물 이상이 나타나는 것으로 변색, 변취, 묽어짐 등이 있으며, 정확한 용도에 맞지 않게 사용하거나 청결하게 사용하지 않는 등의 사용상 주의사항을 지키지 않았을 때 발생할 수 있다. 또한 보관상 클레임이 발생할 수 있는데 극단적인 온도차, 자외선, 용기캡 오픈, 이물질 혼입, 습한 곳에 보관 등

의 형태가 발생할 수 있다.

3) 판매상 클레임

목표에 의한 과다한 판매, 고객의 심적 부담, 지나친 과대 표현 등이 있다.

4) 클레임 처리 요령

클레임을 처리 여부에 따라 고객으로부터 신뢰, 충성고객, 매출 기여 등의 장점이 있을 수 있는 반면, 기업 이미지 실추, 신뢰 저하, 고객 이탈, 매출 하락 등이 발생할 수 있으므로 클레임을 처리하는 대응자세가 중요하다고 하겠다. 클레임을 처리하는 요령은 다음과 같다.

- 고객의 주장을 끝까지 듣는다.
- 원인이 무엇인지 파악한다.
- 고객의 입장에서 처리한다.
- 이유나 변명을 하지 않는다.
- 성실한 태도가 중요하다.

부록

화장품법

[시행 2024. 10. 22.] [법률 제20512호, 2024. 10. 22., 타법개정]

제1장 총칙

제1조(목적) 이 법은 화장품의 제조 · 수입 · 판매 및 수출 등에 관한 사항을 규정함으로써 국민보건향상과 화장품 산업의 발전에 기여함을 목적으로 한다. 〈개정 2018. 3. 13.〉

제2조(정의) 이 법에서 사용하는 용어의 뜻은 다음과 같다. 〈개정 2013. 3. 23., 2016. 5. 29., 2018. 3. 13., 2019. 1. 15., 2020. 4. 7.〉

1. "화장품"이란 인체를 청결 · 미화하여 매력을 더하고 용모를 밝게 변화시키거나 피부 · 모발의 건강을 유지 또는 증진하기 위하여 인체에 바르고 문지르거나 뿌리는 등 이와 유사한 방법으로 사용되는 물품으로서 인체에 대한 작용이 경미한 것을 말한다. 다만, 「약사법」 제2조제4호의 의약품에 해당하는 물품은 제외한다.

2. "기능성화장품"이란 화장품 중에서 다음 각 목의 어느 하나에 해당되는 것으로서 총리령으로 정하는 화장품을 말한다.

가. 피부의 미백에 도움을 주는 제품

나. 피부의 주름개선에 도움을 주는 제품

다. 피부를 곱게 태워주거나 자외선으로부터 피부를 보호하는 데에 도움을 주는 제품

라. 모발의 색상 변화 · 제거 또는 영양공급에 도움을 주는 제품

마. 피부나 모발의 기능 약화로 인한 건조함, 갈라짐, 빠짐, 각질화 등을 방지하거나 개선하는 데에 도움을 주는 제품

2의2. "천연화장품"이란 동식물 및 그 유래 원료 등을 함유한 화장품으로서

식품의약품안전처장이 정하는 기준에 맞는 화장품을 말한다.

3. "유기농화장품"이란 유기농 원료, 동식물 및 그 유래 원료 등을 함유한 화장품으로서 식품의약품안전처장이 정하는 기준에 맞는 화장품을 말한다.

3의2. "맞춤형화장품"이란 다음 각 목의 화장품을 말한다.

가. 제조 또는 수입된 화장품의 내용물에 다른 화장품의 내용물이나 식품의약품안전처장이 정하는 원료를 추가하여 혼합한 화장품

나. 제조 또는 수입된 화장품의 내용물을 소분(小分)한 화장품. 다만, 고형(固形) 비누 등 총리령으로 정하는 화장품의 내용물을 단순 소분한 화장품은 제외한다.

4. "안전용기 · 포장"이란 만 5세 미만의 어린이가 개봉하기 어렵게 설계 · 고안된 용기나 포장을 말한다.

5. "사용기한"이란 화장품이 제조된 날부터 적절한 보관 상태에서 제품이 고유의 특성을 간직한 채 소비자가 안정적으로 사용할 수 있는 최소한의 기한을 말한다.

6. "1차 포장"이란 화장품 제조 시 내용물과 직접 접촉하는 포장용기를 말한다.

7. "2차 포장"이란 1차 포장을 수용하는 1개 또는 그 이상의 포장과 보호재 및 표시의 목적으로 한 포장(첨부문서 등을 포함한다)을 말한다.

8. "표시"란 화장품의 용기 · 포장에 기재하는 문자 · 숫자 · 도형 또는 그림 등을 말한다.

9. "광고"란 라디오 · 텔레비전 · 신문 · 잡지 · 음성 · 음향 · 영상 · 인터

넷 · 인쇄물 · 간판, 그 밖의 방법에 의하여 화장품에 대한 정보를 나타내거나 알리는 행위를 말한다.

10. "화장품제조업"이란 화장품의 전부 또는 일부를 제조(2차 포장 또는 표시만의 공정은 제외한다)하는 영업을 말한다.

11. "화장품책임판매업"이란 취급하는 화장품의 품질 및 안전 등을 관리하면서 이를 유통 · 판매하거나 수입대행형 거래를 목적으로 알선 · 수여(授與)하는 영업을 말한다.

12. "맞춤형화장품판매업"이란 맞춤형화장품을 판매하는 영업을 말한다.

제2조의2(영업의 종류) ① 이 법에 따른 영업의 종류는 다음 각 호와 같다.

1. 화장품제조업
2. 화장품책임판매업
3. 맞춤형화장품판매업

② 제1항에 따른 영업의 세부 종류와 그 범위는 대통령령으로 정한다.

[본조신설 2018. 3. 13.]

제2장 화장품의 제조 · 유통

제3조(영업의 등록) ① 화장품제조업 또는 화장품책임판매업을 하려는 자는 각각 총리령으로 정하는 바에 따라 식품의약품안전처장에게 등록하여야 한다. 등록한 사항 중 총리령으로 정하는 중요한 사항을 변경할 때에도 또한 같다. 〈개정 2013. 3. 23., 2016. 2. 3., 2018. 3. 13.〉

② 제1항에 따라 화장품제조업을 등록하려는 자는 총리령으로 정하는 시설

기준을 갖추어야 한다. 다만, 화장품의 일부 공정만을 제조하는 등 총리령으로 정하는 경우에 해당하는 때에는 시설의 일부를 갖추지 아니할 수 있다. 〈개정 2013. 3. 23., 2018. 3. 13.〉

③ 제1항에 따라 화장품책임판매업을 등록하려는 자는 총리령으로 정하는 화장품의 품질관리 및 책임판매 후 안전관리에 관한 기준을 갖추어야 하며, 이를 관리할 수 있는 관리자(이하 "책임판매관리자"라 한다)를 두어야 한다. 〈개정 2013. 3. 23., 2018. 3. 13.〉

④ 제1항부터 제3항까지의 규정에 따른 등록 절차 및 책임판매관리자의 자격기준과 직무 등에 관하여 필요한 사항은 총리령으로 정한다. 〈개정 2013. 3. 23., 2018. 3. 13.〉

[제목개정 2018. 3. 13.]

제3조의2(맞춤형화장품판매업의 신고) ① 맞춤형화장품판매업을 하려는 자는 총리령으로 정하는 바에 따라 식품의약품안전처장에게 신고하여야 한다. 신고한 사항 중 총리령으로 정하는 사항을 변경할 때에도 또한 같다.

② 제1항에 따라 맞춤형화장품판매업을 신고하려는 자는 총리령으로 정하는 시설기준을 갖추어야 하며, 맞춤형화장품의 혼합 · 소분 등 품질 · 안전 관리 업무에 종사하는 자(이하 "맞춤형화장품조제관리사"라 한다)를 두어야 한다. 〈개정 2021. 8. 17.〉

[본조신설 2018. 3. 13.]

제3조의3(결격사유) 다음 각 호의 어느 하나에 해당하는 자는 화장품제조업 또는 화장품책임판매업의 등록이나 맞춤형화장품판매업의 신고를 할 수 없

다. 다만, 제1호 및 제3호는 화장품제조업만 해당한다. 〈개정 2024. 10. 22.〉

1. 「정신건강증진 및 정신질환자 복지서비스 지원에 관한 법률」 제3조제1호에 따른 정신질환자. 다만, 전문의가 화장품제조업자(제3조제1항에 따라 화장품제조업을 등록한 자를 말한다. 이하 같다)로서 적합하다고 인정하는 사람은 제외한다.

2. 피성년후견인 또는 파산선고를 받고 복권되지 아니한 자

3. 「마약류 관리에 관한 법률」 제2조제1호에 따른 마약류의 중독자

4. 이 법 또는 「보건범죄 단속에 관한 특별조치법」을 위반하여 금고 이상의 실형을 선고받고 그 집행이 끝나거나(집행이 끝난 것으로 보는 경우를 포함한다) 집행이 면제되지 아니한 사람

4의2. 이 법 또는 「보건범죄 단속에 관한 특별조치법」을 위반하여 금고 이상의 형의 집행유예를 선고받고 그 유예기간 중에 있는 사람

5. 제24조에 따라 등록이 취소되거나 영업소가 폐쇄(이 조 제1호부터 제3호까지의 어느 하나에 해당하여 등록이 취소되거나 영업소가 폐쇄된 경우는 제외한다)된 날부터 1년이 지나지 아니한 자

[본조신설 2018. 3. 13.]

제3조의4(맞춤형화장품조제관리사 자격시험) ① 맞춤형화장품조제관리사가 되려는 사람은 화장품과 원료 등에 대하여 식품의약품안전처장이 실시하는 자격시험에 합격하여야 한다.

② 식품의약품안전처장은 거짓이나 그 밖의 부정한 방법으로 자격시험에 응시한 사람 또는 자격시험에서 부정행위를 한 사람에 대하여는 그 자격시험

을 정지시키거나 합격을 무효로 한다. 이 경우 자격시험이 정지되거나 합격이 무효가 된 사람은 그 처분이 있은 날부터 3년간 자격시험에 응시할 수 없다. 〈개정 2021. 8. 17.〉

③ 식품의약품안전처장은 제1항에 따른 자격시험의 관리 및 제4항에 따른 자격증 발급 등에 관한 업무를 효과적으로 수행하기 위하여 필요한 전문인력과 시설을 갖춘 기관 또는 단체를 시험운영기관으로 지정하여 시험업무를 위탁할 수 있다. 〈개정 2021. 8. 17.〉

④ 제1항 및 제3항에 따른 자격시험의 시기, 절차, 방법, 시험과목, 자격증의 발급, 시험운영기관의 지정 등 자격시험에 필요한 사항은 총리령으로 정한다.

[본조신설 2018. 3. 13.]

제3조의5(맞춤형화장품조제관리사의 결격사유) 다음 각 호의 어느 하나에 해당하는 자는 맞춤형화장품조제관리사가 될 수 없다. 〈개정 2024. 10. 22.〉

1. 「정신건강증진 및 정신질환자 복지서비스 지원에 관한 법률」 제3조제1호에 따른 정신질환자. 다만, 전문의가 맞춤형화장품조제관리사로서 적합하다고 인정하는 사람은 제외한다.

2. 피성년후견인

3. 「마약류 관리에 관한 법률」 제2조제1호에 따른 마약류의 중독자

4. 이 법 또는 「보건범죄 단속에 관한 특별조치법」을 위반하여 금고 이상의 실형을 선고받고 그 집행이 끝나거나(집행이 끝난 것으로 보는 경우를 포함한다) 집행이 면제되지 아니한 사람

4의2. 이 법 또는 「보건범죄 단속에 관한 특별조치법」을 위반하여 금고 이상의 형의 집행유예를 선고받고 그 유예기간 중에 있는 사람

5. 제3조의8에 따라 맞춤형화장품조제관리사의 자격이 취소된 날부터 3년이 지나지 아니한 자

[본조신설 2021. 8. 17.]

제3조의6(자격증 대여 등의 금지) ① 맞춤형화장품조제관리사는 다른 사람에게 자기의 성명을 사용하여 맞춤형화장품조제관리사 업무를 하게 하거나 자기의 맞춤형화장품조제관리사자격증을 양도 또는 대여하여서는 아니 된다.

② 누구든지 다른 사람의 맞춤형화장품조제관리사자격증을 양수하거나 대여받아 이를 사용하여서는 아니 된다.

[본조신설 2021. 8. 17.]

제3조의7(유사명칭의 사용금지) 맞춤형화장품조제관리사가 아닌 자는 맞춤형화장품조제관리사 또는 이와 유사한 명칭을 사용하지 못한다.

[본조신설 2021. 8. 17.]

제3조의8(맞춤형화장품조제관리사 자격의 취소) 식품의약품안전처장은 맞춤형화장품조제관리사가 다음 각 호의 어느 하나에 해당하는 경우에는 그 자격을 취소하여야 한다. 〈개정 2024. 10. 22.〉

1. 거짓이나 그 밖의 부정한 방법으로 맞춤형화장품조제관리사의 자격을 취득한 경우

2. 제3조의5제1호부터 제4호까지 또는 제4호의2에 해당하는 경우

3. 제3조의6제1항을 위반하여 다른 사람에게 자기의 성명을 사용하여 맞

춤형화장품조제관리사 업무를 하게 하거나 맞춤형화장품조제관리사자격증을 양도 또는 대여한 경우

[본조신설 2021. 8. 17.]

제4조(기능성화장품의 심사 등) ① 기능성화장품으로 인정받아 판매 등을 하려는 화장품제조업자, 화장품책임판매업자(제3조제1항에 따라 화장품책임판매업을 등록한 자를 말한다. 이하 같다) 또는 총리령으로 정하는 대학·연구소 등은 품목별로 안전성 및 유효성에 관하여 식품의약품안전처장의 심사를 받거나 식품의약품안전처장에게 보고서를 제출하여야 한다. 제출한 보고서나 심사받은 사항을 변경할 때에도 또한 같다. 〈개정 2013. 3. 23., 2018. 3. 13.〉

② 제1항에 따른 유효성에 관한 심사는 제2조제2호 각 목에 규정된 효능·효과에 한하여 실시한다.

③ 제1항에 따른 심사를 받으려는 자는 총리령으로 정하는 바에 따라 그 심사에 필요한 자료를 식품의약품안전처장에게 제출하여야 한다. 〈개정 2013. 3. 23.〉

④ 제1항 및 제2항에 따른 심사 또는 보고서 제출의 대상과 절차 등에 관하여 필요한 사항은 총리령으로 정한다. 〈개정 2013. 3. 23.〉

제4조의2(영유아 또는 어린이 사용 화장품의 관리) ① 화장품책임판매업자는 영유아 또는 어린이가 사용할 수 있는 화장품임을 표시·광고하려는 경우에는 제품별로 안전과 품질을 입증할 수 있는 다음 각 호의 자료(이하 "제품별 안전성 자료"라 한다)를 작성 및 보관하여야 한다.

1. 제품 및 제조방법에 대한 설명 자료

2. 화장품의 안전성 평가 자료

3. 제품의 효능 · 효과에 대한 증명 자료

② 식품의약품안전처장은 제1항에 따른 화장품에 대하여 제품별 안전성 자료, 소비자 사용실태, 사용 후 이상사례 등에 대하여 주기적으로 실태조사를 실시하고, 위해요소의 저감화를 위한 계획을 수립하여야 한다.

③ 식품의약품안전처장은 소비자가 제1항에 따른 화장품을 안전하게 사용할 수 있도록 교육 및 홍보를 할 수 있다.

④ 제1항에 따른 영유아 또는 어린이의 연령 및 표시 · 광고의 범위, 제품별 안전성 자료의 작성 범위 및 보관기간 등과 제2항에 따른 실태조사 및 계획 수립의 범위, 시기, 절차 등에 필요한 사항은 총리령으로 정한다.

[본조신설 2019. 1. 15.]

제5조(영업자의 의무 등) ① 화장품제조업자는 화장품의 제조와 관련된 기록 · 시설 · 기구 등 관리 방법, 원료 · 자재 · 완제품 등에 대한 시험 · 검사 · 검정 실시 방법 및 의무 등에 관하여 총리령으로 정하는 사항을 준수하여야 한다. 〈개정 2013. 3. 23., 2018. 3. 13.〉

② 화장품책임판매업자는 화장품의 품질관리기준, 책임판매 후 안전관리기준, 품질 검사 방법 및 실시 의무, 안전성 · 유효성 관련 정보사항 등의 보고 및 안전대책 마련 의무 등에 관하여 총리령으로 정하는 사항을 준수하여야 한다. 〈개정 2013. 3. 23., 2018. 3. 13.〉

③ 맞춤형화장품판매업자(제3조의2제1항에 따라 맞춤형화장품판매업을 신고한 자를 말한다. 이하 같다)는 소비자에게 유통 · 판매되는 화장품을 임의로

혼합 · 소분하여서는 아니 된다. 〈신설 2021. 8. 17.〉

④ 맞춤형화장품판매업자는 맞춤형화장품 판매장 시설 · 기구의 관리 방법, 혼합 · 소분 안전관리기준의 준수 의무, 혼합 · 소분되는 내용물 및 원료에 대한 설명 의무, 안전성 관련 사항 보고 의무 등에 관하여 총리령으로 정하는 사항을 준수하여야 한다. 〈신설 2018. 3. 13., 2021. 8. 17.〉

⑤ 화장품책임판매업자는 총리령으로 정하는 바에 따라 화장품의 생산실적 또는 수입실적, 화장품의 제조과정에 사용된 원료의 목록 등을 식품의약품안전처장에게 보고하여야 한다. 이 경우 원료의 목록에 관한 보고는 화장품의 유통 · 판매 전에 하여야 한다. 〈개정 2013. 3. 23., 2018. 3. 13., 2021. 8. 17.〉

⑥ 맞춤형화장품판매업자는 총리령으로 정하는 바에 따라 맞춤형화장품에 사용된 모든 원료의 목록을 매년 1회 식품의약품안전처장에게 보고하여야 한다. 〈신설 2021. 8. 17.〉

⑦ 책임판매관리자 및 맞춤형화장품조제관리사는 화장품의 안전성 확보 및 품질관리에 관한 교육을 매년 받아야 한다. 〈개정 2013. 3. 23., 2016. 2. 3., 2018. 3. 13., 2021. 8. 17.〉

⑧ 식품의약품안전처장은 국민 건강상 위해를 방지하기 위하여 필요하다고 인정하면 화장품제조업자, 화장품책임판매업자 및 맞춤형화장품판매업자(이하 "영업자"라 한다)에게 화장품 관련 법령 및 제도(화장품의 안전성 확보 및 품질관리에 관한 내용을 포함한다)에 관한 교육을 받을 것을 명할 수 있다. 〈개정 2016. 2. 3., 2018. 3. 13., 2021. 8. 17.〉

⑨ 제8항에 따라 교육을 받아야 하는 자가 둘 이상의 장소에서 화장품제조

업, 화장품책임판매업 또는 맞춤형화장품판매업을 하는 경우에는 종업원 중에서 총리령으로 정하는 자를 책임자로 지정하여 교육을 받게 할 수 있다. 〈신설 2016. 2. 3., 2018. 3. 13., 2021. 8. 17.〉

⑩ 제7항부터 제9항까지의 규정에 따른 교육의 실시 기관, 내용, 대상 및 교육비 등에 관하여 필요한 사항은 총리령으로 정한다. 〈신설 2016. 2. 3., 2018. 3. 13., 2021. 8. 17.〉

[제목개정 2018. 3. 13.]

제5조의2(위해화장품의 회수) ① 영업자는 제9조, 제15조 또는 제16조제1항에 위반되어 국민보건에 위해(危害)를 끼치거나 끼칠 우려가 있는 화장품이 유통 중인 사실을 알게 된 경우에는 지체 없이 해당 화장품을 회수하거나 회수하는 데에 필요한 조치를 하여야 한다. 〈개정 2018. 12. 11.〉

② 제1항에 따라 해당 화장품을 회수하거나 회수하는 데에 필요한 조치를 하려는 영업자는 회수계획을 식품의약품안전처장에게 미리 보고하여야 한다. 〈개정 2018. 3. 13.〉

③ 식품의약품안전처장은 제1항에 따른 회수 또는 회수에 필요한 조치를 성실하게 이행한 영업자가 해당 화장품으로 인하여 받게 되는 제24조에 따른 행정처분을 총리령으로 정하는 바에 따라 감경 또는 면제할 수 있다. 〈개정 2018. 3. 13.〉

④ 제1항 및 제2항에 따른 회수 대상 화장품, 해당 화장품의 회수에 필요한 위해성 등급 및 그 분류기준, 회수계획 보고 및 회수절차 등에 필요한 사항은 총리령으로 정한다. 〈개정 2018. 12. 11.〉

[본조신설 2015. 1. 28.]

제6조(폐업 등의 신고) ① 영업자는 다음 각 호의 어느 하나에 해당하는 경우에는 총리령으로 정하는 바에 따라 식품의약품안전처장에게 신고하여야 한다. 다만, 휴업기간이 1개월 미만이거나 그 기간 동안 휴업하였다가 그 업을 재개하는 경우에는 그러하지 아니하다. 〈개정 2013. 3. 23., 2018. 3. 13., 2018. 12. 11.〉

1. 폐업 또는 휴업하려는 경우
2. 휴업 후 그 업을 재개하려는 경우
3. 삭제 〈2018. 12. 11.〉

② 식품의약품안전처장은 화장품제조업자 또는 화장품책임판매업자가 「부가가치세법」 제8조에 따라 관할 세무서장에게 폐업신고를 하거나 관할 세무서장이 사업자등록을 말소한 경우에는 등록을 취소할 수 있다. 〈신설 2018. 3. 13.〉

③ 식품의약품안전처장은 제2항에 따라 등록을 취소하기 위하여 필요하면 관할 세무서장에게 화장품제조업자 또는 화장품책임판매업자의 폐업여부에 대한 정보 제공을 요청할 수 있다. 이 경우 요청을 받은 관할 세무서장은 「전자정부법」 제39조에 따라 화장품제조업자 또는 화장품책임판매업자의 폐업 여부에 대한 정보를 제공하여야 한다. 〈신설 2018. 3. 13.〉

④ 식품의약품안전처장은 제1항제1호에 따른 폐업신고 또는 휴업신고를 받은 날부터 7일 이내에 신고수리 여부를 신고인에게 통지하여야 한다. 〈신설 2018. 12. 11.〉

⑤ 식품의약품안전처장이 제4항에서 정한 기간 내에 신고수리 여부 또는 민원 처리 관련 법령에 따른 처리기간의 연장을 신고인에게 통지하지 아니하면 그 기간(민원 처리 관련 법령에 따라 처리기간이 연장 또는 재연장된 경우에는 해당 처리기간을 말한다)이 끝난 날의 다음 날에 신고를 수리한 것으로 본다. 〈신설 2018. 12. 11.〉

제7조 삭제 〈2018. 3. 13.〉

제3장 화장품의 취급

제1절 기준

제8조(화장품 안전기준 등) ① 식품의약품안전처장은 화장품의 제조 등에 사용할 수 없는 원료를 지정하여 고시하여야 한다. 〈개정 2013. 3. 23.〉

② 식품의약품안전처장은 보존제, 색소, 자외선차단제 등과 같이 특별히 사용상의 제한이 필요한 원료에 대하여는 그 사용기준을 지정하여 고시하여야 하며, 사용기준이 지정 · 고시된 원료 외의 보존제, 색소, 자외선차단제 등은 사용할 수 없다. 〈개정 2013. 3. 23., 2018. 3. 13.〉

③ 식품의약품안전처장은 국내외에서 유해물질이 포함되어 있는 것으로 알려지는 등 국민보건상 위해 우려가 제기되는 화장품 원료 등의 경우에는 총리령으로 정하는 바에 따라 위해요소를 신속히 평가하여 그 위해 여부를 결정하여야 한다. 〈개정 2013. 3. 23.〉

④ 식품의약품안전처장은 제3항에 따라 위해평가가 완료된 경우에는 해당 화장품 원료 등을 화장품의 제조에 사용할 수 없는 원료로 지정하거나 그 사용

기준을 지정하여야 한다. 〈개정 2013. 3. 23.〉

⑤ 식품의약품안전처장은 제2항에 따라 지정 · 고시된 원료의 사용기준의 안전성을 정기적으로 검토하여야 하고, 그 결과에 따라 지정 · 고시된 원료의 사용기준을 변경할 수 있다. 이 경우 안전성 검토의 주기 및 절차 등에 관한 사항은 총리령으로 정한다. 〈신설 2018. 3. 13.〉

⑥ 화장품제조업자, 화장품책임판매업자 또는 대학 · 연구소 등 총리령으로 정하는 자는 제2항에 따라 지정 · 고시되지 아니한 원료의 사용기준을 지정 · 고시하거나 지정 · 고시된 원료의 사용기준을 변경하여 줄 것을 총리령으로 정하는 바에 따라 식품의약품안전처장에게 신청할 수 있다. 〈신설 2018. 3. 13.〉

⑦ 식품의약품안전처장은 제6항에 따른 신청을 받은 경우에는 신청된 내용의 타당성을 검토하여야 하고, 그 타당성이 인정되는 경우에는 원료의 사용기준을 지정 · 고시하거나 변경하여야 한다. 이 경우 신청인에게 검토 결과를 서면으로 알려야 한다. 〈신설 2018. 3. 13.〉

⑧ 식품의약품안전처장은 그 밖에 유통화장품 안전관리 기준을 정하여 고시할 수 있다. 〈개정 2013. 3. 23., 2018. 3. 13.〉

제8조(화장품 안전기준 등) ① 식품의약품안전처장은 화장품의 제조 등에 사용할 수 없는 원료를 지정하여 고시하여야 한다. 〈개정 2013. 3. 23.〉

② 식품의약품안전처장은 보존제, 색소, 자외선차단제 등과 같이 특별히 사용상의 제한이 필요한 원료에 대하여는 그 사용기준을 지정하여 고시하여야 하며, 사용기준이 지정 · 고시된 원료 외의 보존제, 색소, 자외선차단제 등은

사용할 수 없다. 〈개정 2013. 3. 23., 2018. 3. 13.〉

③ 식품의약품안전처장은 국내외에서 유해물질이 포함되어 있는 것으로 알려지는 등 국민보건상 위해 우려가 제기되는 화장품 원료 등의 경우에는 총리령으로 정하는 바에 따라 위해요소를 신속히 평가하여 그 위해 여부를 결정하여야 한다. 〈개정 2013. 3. 23.〉

④ 식품의약품안전처장은 제3항에 따라 위해평가가 완료된 경우에는 해당 화장품 원료 등을 화장품의 제조에 사용할 수 없는 원료로 지정하거나 그 사용기준을 지정하여야 한다. 〈개정 2013. 3. 23.〉

⑤ 식품의약품안전처장은 제2항에 따라 지정 · 고시된 원료의 사용기준의 안전성을 정기적으로 검토하여야 하고, 그 결과에 따라 지정 · 고시된 원료의 사용기준을 변경할 수 있다. 이 경우 안전성 검토의 주기 및 절차 등에 관한 사항은 총리령으로 정한다. 〈신설 2018. 3. 13.〉

⑥ 화장품제조업자, 화장품책임판매업자 또는 대학 · 연구소 등 총리령으로 정하는 자는 다음 각 호의 사항을 총리령으로 정하는 바에 따라 식품의약품안전처장에게 신청할 수 있다. 〈신설 2018. 3. 13., 2024. 2. 6.〉

1. 제1항에 따라 지정 · 고시된 원료의 해제 또는 변경
2. 제2항에 따라 지정 · 고시되지 아니한 원료의 사용기준 지정 · 고시
3. 제2항에 따라 지정 · 고시된 원료의 사용기준 변경

⑦ 식품의약품안전처장은 제6항에 따른 신청을 받은 경우에는 신청된 내용의 타당성을 검토하여야 하고, 그 타당성이 인정되는 경우에는 제1항에 따라 지정 · 고시된 원료를 해제 또는 변경하거나, 제2항에 따라 지정 · 고시되지 아

니한 원료의 사용기준을 지정 · 고시하거나 지정 · 고시된 원료의 사용기준을 변경하여야 한다. 이 경우 신청인에게 검토 결과를 서면으로 알려야 한다. 〈신설 2018. 3. 13., 2024. 2. 6.〉

⑧ 식품의약품안전처장은 그 밖에 유통화장품 안전관리 기준을 정하여 고시할 수 있다. 〈개정 2013. 3. 23., 2018. 3. 13.〉

[시행일: 2025. 2. 7.] 제8조

제9조(안전용기 · 포장 등) ① 화장품책임판매업자 및 맞춤형화장품판매업자는 화장품을 판매할 때에는 어린이가 화장품을 잘못 사용하여 인체에 위해를 끼치는 사고가 발생하지 아니하도록 안전용기 · 포장을 사용하여야 한다. 〈개정 2018. 3. 13.〉

② 제1항에 따라 안전용기 · 포장을 사용하여야 할 품목 및 용기 · 포장의 기준 등에 관하여는 총리령으로 정한다. 〈개정 2013. 3. 23.〉

제2절 표시 · 광고 · 취급

제10조(화장품의 기재사항) ① 화장품의 1차 포장 또는 2차 포장에는 총리령으로 정하는 바에 따라 다음 각 호의 사항을 기재 · 표시하여야 한다. 다만, 내용량이 소량인 화장품의 포장 등 총리령으로 정하는 포장에는 화장품의 명칭, 화장품책임판매업자 및 맞춤형화장품판매업자의 상호, 가격, 제조번호와 사용기한 또는 개봉 후 사용기간(개봉 후 사용기간을 기재할 경우에는 제조연월일을 병행 표기하여야 한다. 이하 이 조에서 같다)만을 기재 · 표시할 수 있다. 〈개정 2013. 3. 23., 2016. 2. 3., 2018. 3. 13.〉

1. 화장품의 명칭

2. 영업자의 상호 및 주소

3. 해당 화장품 제조에 사용된 모든 성분(인체에 무해한 소량 함유 성분 등 총리령으로 정하는 성분은 제외한다)

4. 내용물의 용량 또는 중량

5. 제조번호

6. 사용기한 또는 개봉 후 사용기간

7. 가격

8. 기능성화장품의 경우 "기능성화장품"이라는 글자 또는 기능성화장품을 나타내는 도안으로서 식품의약품안전처장이 정하는 도안

9. 사용할 때의 주의사항

10. 그 밖에 총리령으로 정하는 사항

② 제1항 각 호 외의 부분 본문에도 불구하고 다음 각 호의 사항은 1차 포장에 표시하여야 한다. 다만, 소비자가 화장품의 1차 포장을 제거하고 사용하는 고형비누 등 총리령으로 정하는 화장품의 경우에는 그러하지 아니한다. 〈개정 2018. 3. 13., 2021. 8. 17.〉

1. 화장품의 명칭

2. 영업자의 상호

3. 제조번호

4. 사용기한 또는 개봉 후 사용기간

③ 제1항에 따른 기재사항을 화장품의 용기 또는 포장에 표시할 때 제품의

명칭, 영업자의 상호는 시각장애인을 위한 점자 표시를 병행할 수 있다. 〈개정 2018. 3. 13.〉

④ 제1항 및 제2항에 따른 표시기준과 표시방법 등은 총리령으로 정한다. 〈개정 2013. 3. 23.〉

제10조(화장품의 기재사항) ① 1차 포장만으로 구성되는 화장품의 외부 포장과 1차 포장에 2차 포장을 추가한 화장품의 외부 포장에는 총리령으로 정하는 바에 따라 각각 다음 각 호의 사항을 기재 · 표시하여야 한다. 다만, 내용량이 소량인 화장품의 포장 등 총리령으로 정하는 포장에는 화장품의 명칭, 화장품책임판매업자 및 맞춤형화장품판매업자의 상호, 가격, 제조번호와 사용기한 또는 개봉 후 사용기간(개봉 후 사용기간을 기재할 경우에는 제조연월일을 병행 표기하여야 한다. 이하 이 조에서 같다)만을 기재 · 표시할 수 있다. 〈개정 2013. 3. 23., 2016. 2. 3., 2018. 3. 13., 2024. 2. 6.〉

1. 화장품의 명칭
2. 영업자의 상호 및 주소
3. 해당 화장품 제조에 사용된 모든 성분(인체에 무해한 소량 함유 성분 등 총리령으로 정하는 성분은 제외한다)
4. 내용물의 용량 또는 중량
5. 제조번호
6. 사용기한 또는 개봉 후 사용기간
7. 가격
8. 기능성화장품의 경우 "기능성화장품"이라는 글자 또는 기능성화장품을

나타내는 도안으로서 식품의약품안전처장이 정하는 도안

9. 사용할 때의 주의사항

10. 그 밖에 총리령으로 정하는 사항

② 1차 포장에 2차 포장을 추가한 화장품의 1차 포장에는 다음 각 호의 사항을 기재·표시하여야 한다. 다만, 소비자가 화장품의 1차 포장을 제거하고 사용하는 고형비누 등 총리령으로 정하는 화장품의 경우에는 그러하지 아니한다. 〈개정 2018. 3. 13., 2021. 8. 17., 2024. 2. 6.〉

1. 화장품의 명칭

2. 영업자의 상호

3. 제조번호

4. 사용기한 또는 개봉 후 사용기간

③ 제1항에 따른 기재사항을 화장품의 용기 또는 포장에 표시할 때 제품의 명칭, 영업자의 상호는 시각장애인을 위한 점자 표시를 병행할 수 있다. 〈개정 2018. 3. 13.〉

④ 제1항 및 제2항에 따른 표시기준과 표시방법 등은 총리령으로 정한다. 〈개정 2013. 3. 23.〉

[시행일: 2025. 2. 7.] 제10조

제11조(화장품의 가격표시) ① 제10조제1항제7호에 따른 가격은 소비자에게 화장품을 직접 판매하는 자(이하 "판매자"라 한다)가 판매하려는 가격을 표시하여야 한다.

② 제1항에 따른 표시방법과 그 밖에 필요한 사항은 총리령으로 정한다.

〈개정 2013. 3. 23.〉

제12조(기재 · 표시상의 주의) 제10조 및 제11조에 따른 기재 · 표시는 다른 문자 또는 문장보다 쉽게 볼 수 있는 곳에 하여야 하며, 총리령으로 정하는 바에 따라 읽기 쉽고 이해하기 쉬운 한글로 정확히 기재 · 표시하여야 하되, 한자 또는 외국어를 함께 기재할 수 있다. 〈개정 2013. 3. 23.〉

제13조(부당한 표시 · 광고 행위 등의 금지) ① 영업자 또는 판매자는 다음 각 호의 어느 하나에 해당하는 표시 또는 광고를 하여서는 아니 된다. 〈개정 2018. 3. 13.〉

1. 의약품으로 잘못 인식할 우려가 있는 표시 또는 광고

2. 기능성화장품이 아닌 화장품을 기능성화장품으로 잘못 인식할 우려가 있거나 기능성화장품의 안전성 · 유효성에 관한 심사결과와 다른 내용의 표시 또는 광고

3. 천연화장품 또는 유기농화장품이 아닌 화장품을 천연화장품 또는 유기농화장품으로 잘못 인식할 우려가 있는 표시 또는 광고

4. 그 밖에 사실과 다르게 소비자를 속이거나 소비자가 잘못 인식하도록 할 우려가 있는 표시 또는 광고

② 제1항에 따른 표시 · 광고의 범위와 그 밖에 필요한 사항은 총리령으로 정한다. 〈개정 2013. 3. 23.〉

제14조(표시 · 광고 내용의 실증 등) ① 영업자 및 판매자는 자기가 행한 표시 · 광고 중 사실과 관련한 사항에 대하여는 이를 실증할 수 있어야 한다. 〈개정 2018. 3. 13.〉

② 식품의약품안전처장은 영업자 또는 판매자가 행한 표시·광고가 제13조제1항제4호에 해당하는지를 판단하기 위하여 제1항에 따른 실증이 필요하다고 인정하는 경우에는 그 내용을 구체적으로 명시하여 해당 영업자 또는 판매자에게 관련 자료의 제출을 요청할 수 있다. 〈개정 2013. 3. 23., 2018. 3. 13.〉

③ 제2항에 따라 실증자료의 제출을 요청받은 영업자 또는 판매자는 요청받은 날부터 15일 이내에 그 실증자료를 식품의약품안전처장에게 제출하여야 한다. 다만, 식품의약품안전처장은 정당한 사유가 있다고 인정하는 경우에는 그 제출기간을 연장할 수 있다. 〈개정 2013. 3. 23., 2018. 3. 13.〉

④ 식품의약품안전처장은 영업자 또는 판매자가 제2항에 따라 실증자료의 제출을 요청받고도 제3항에 따른 제출기간 내에 이를 제출하지 아니한 채 계속하여 표시·광고를 하는 때에는 실증자료를 제출할 때까지 그 표시·광고 행위의 중지를 명하여야 한다. 〈개정 2013. 3. 23., 2018. 3. 13.〉

⑤ 제2항 및 제3항에 따라 식품의약품안전처장으로부터 실증자료의 제출을 요청받아 제출한 경우에는 「표시·광고의 공정화에 관한 법률」 등 다른 법률에 따라 다른 기관이 요구하는 자료제출을 거부할 수 있다. 〈개정 2013. 3. 23.〉

⑥ 식품의약품안전처장은 제출받은 실증자료에 대하여 「표시·광고의 공정화에 관한 법률」 등 다른 법률에 따른 다른 기관의 자료요청이 있는 경우에는 특별한 사유가 없는 한 이에 응하여야 한다. 〈개정 2013. 3. 23.〉

⑦ 제1항부터 제4항까지의 규정에 따른 실증의 대상, 실증자료의 범위 및

요건, 제출방법 등에 관하여 필요한 사항은 총리령으로 정한다. 〈개정 2013. 3. 23.〉

제14조의2(천연화장품 및 유기농화장품에 대한 인증) ① 식품의약품안전처장은 천연화장품 및 유기농화장품의 품질제고를 유도하고 소비자에게 보다 정확한 제품정보가 제공될 수 있도록 식품의약품안전처장이 정하는 기준에 적합한 천연화장품 및 유기농화장품에 대하여 인증할 수 있다.

② 제1항에 따라 인증을 받으려는 화장품제조업자, 화장품책임판매업자 또는 총리령으로 정하는 대학·연구소 등은 식품의약품안전처장에게 인증을 신청하여야 한다.

③ 식품의약품안전처장은 제1항에 따라 인증을 받은 화장품이 다음 각 호의 어느 하나에 해당하는 경우에는 그 인증을 취소하여야 한다.

1. 거짓이나 그 밖의 부정한 방법으로 인증을 받은 경우
2. 제1항에 따른 인증기준에 적합하지 아니하게 된 경우

④ 식품의약품안전처장은 인증업무를 효과적으로 수행하기 위하여 필요한 전문 인력과 시설을 갖춘 기관 또는 단체를 인증기관으로 지정하여 인증업무를 위탁할 수 있다.

⑤ 제1항부터 제4항까지에 따른 인증절차, 인증기관의 지정기준, 그 밖에 인증제도 운영에 필요한 사항은 총리령으로 정한다.

[본조신설 2018. 3. 13.]

제14조의3(인증의 유효기간) ① 제14조의2제1항에 따른 인증의 유효기간은 인증을 받은 날부터 3년으로 한다.

② 인증의 유효기간을 연장 받으려는 자는 유효기간 만료 90일 전에 총리령으로 정하는 바에 따라 연장신청을 하여야 한다.

[본조신설 2018. 3. 13.]

제14조의4(인증의 표시) ① 제14조의2제1항에 따라 인증을 받은 화장품에 대해서는 총리령으로 정하는 인증표시를 할 수 있다.

② 누구든지 제14조의2제1항에 따라 인증을 받지 아니한 화장품에 대하여 제1항에 따른 인증표시나 이와 유사한 표시를 하여서는 아니 된다.

[본조신설 2018. 3. 13.]

제14조의5(인증기관 지정의 취소 등) ① 식품의약품안전처장은 필요하다고 인정하는 경우에는 관계 공무원으로 하여금 제14조의2제4항에 따라 지정받은 인증기관(이하 "인증기관"이라 한다)이 업무를 적절하게 수행하는지를 조사하게 할 수 있다.

② 식품의약품안전처장은 인증기관이 다음 각 호의 어느 하나에 해당하면 그 지정을 취소하거나 1년 이내의 기간을 정하여 해당 업무의 전부 또는 일부의 정지를 명할 수 있다. 다만, 제1호에 해당하는 경우에는 그 지정을 취소하여야 한다.

1. 거짓이나 그 밖의 부정한 방법으로 인증기관의 지정을 받은 경우
2. 제14조의2제5항에 따른 지정기준에 적합하지 아니하게 된 경우

③ 제2항에 따른 지정 취소 및 업무 정지 등에 필요한 사항은 총리령으로 정한다.

[본조신설 2018. 3. 13.]

제3절 제조 · 수입 · 판매 등의 금지

제15조(영업의 금지) 누구든지 다음 각 호의 어느 하나에 해당하는 화장품을 판매(수입대행형 거래를 목적으로 하는 알선 · 수여를 포함한다)하거나 판매할 목적으로 제조 · 수입 · 보관 또는 진열하여서는 아니 된다. 〈개정 2016. 5. 29., 2018. 3. 13., 2021. 8. 17.〉

1. 제4조에 따른 심사를 받지 아니하거나 보고서를 제출하지 아니한 기능성 화장품
2. 전부 또는 일부가 변패(變敗)된 화장품
3. 병원미생물에 오염된 화장품
4. 이물이 혼입되었거나 부착된 것
5. 제8조제1항 또는 제2항에 따른 화장품에 사용할 수 없는 원료를 사용하였거나 같은 조 제8항에 따른 유통화장품 안전관리 기준에 적합하지 아니한 화장품
6. 코뿔소 뿔 또는 호랑이 뼈와 그 추출물을 사용한 화장품
7. 보건위생상 위해가 발생할 우려가 있는 비위생적인 조건에서 제조되었거나 제3조제2항에 따른 시설기준에 적합하지 아니한 시설에서 제조된 것
8. 용기나 포장이 불량하여 해당 화장품이 보건위생상 위해를 발생할 우려가 있는 것
9. 제10조제1항제6호에 따른 사용기한 또는 개봉 후 사용기간(병행 표기된 제조연월일을 포함한다)을 위조 · 변조한 화장품
10. 식품의 형태 · 냄새 · 색깔 · 크기 · 용기 및 포장 등을 모방하여 섭취 등

식품으로 오용될 우려가 있는 화장품

[제목개정 2018. 3. 13.]

제15조의2(동물실험을 실시한 화장품 등의 유통판매 금지) ① 화장품책임판매업자 및 맞춤형화장품판매업자는 「실험동물에 관한 법률」 제2조제1호에 따른 동물실험(이하 이 조에서 "동물실험"이라 한다)을 실시한 화장품 또는 동물실험을 실시한 화장품 원료를 사용하여 제조(위탁제조를 포함한다) 또는 수입한 화장품을 유통 · 판매하여서는 아니 된다. 다만, 다음 각 호의 어느 하나에 해당하는 경우는 그러하지 아니하다. 〈개정 2018. 3. 13., 2021. 8. 17.〉

1. 제8조제2항의 보존제, 색소, 자외선차단제 등 특별히 사용상의 제한이 필요한 원료에 대하여 그 사용기준을 지정하거나 같은 조 제3항에 따라 국민보건상 위해 우려가 제기되는 화장품 원료 등에 대한 위해평가를 하기 위하여 필요한 경우

2. 동물대체시험법(동물을 사용하지 아니하는 실험방법 및 부득이하게 동물을 사용하더라도 그 사용되는 동물의 개체 수를 감소하거나 고통을 경감시킬 수 있는 실험방법으로서 식품의약품안전처장이 인정하는 것을 말한다. 이하 이 조에서 같다)이 존재하지 아니하여 동물실험이 필요한 경우

3. 화장품 수출을 위하여 수출 상대국의 법령에 따라 동물실험이 필요한 경우

4. 수입하려는 상대국의 법령에 따라 제품 개발에 동물실험이 필요한 경우

5. 다른 법령에 따라 동물실험을 실시하여 개발된 원료를 화장품의 제조 등에 사용하는 경우

6. 그 밖에 동물실험을 대체할 수 있는 실험을 실시하기 곤란한 경우로서 식품의약품안전처장이 정하는 경우

② 식품의약품안전처장은 동물대체시험법을 개발하기 위하여 노력하여야 하며, 화장품책임판매업자 등이 동물대체시험법을 활용할 수 있도록 필요한 조치를 하여야 한다. 〈개정 2018. 3. 13.〉

[본조신설 2016. 2. 3.]

제16조(판매 등의 금지) ① 누구든지 다음 각 호의 어느 하나에 해당하는 화장품을 판매하거나 판매할 목적으로 보관 또는 진열하여서는 아니 된다. 다만, 제3호의 경우에는 소비자에게 판매하는 화장품에 한한다. 〈개정 2016. 5. 29., 2018. 3. 13.〉

1. 제3조제1항에 따른 등록을 하지 아니한 자가 제조한 화장품 또는 제조·수입하여 유통·판매한 화장품

1의2. 제3조의2제1항에 따른 신고를 하지 아니한 자가 판매한 맞춤형화장품

1의3. 제3조의2제2항에 따른 맞춤형화장품조제관리사를 두지 아니하고 판매한 맞춤형화장품

2. 제10조부터 제12조까지에 위반되는 화장품 또는 의약품으로 잘못 인식할 우려가 있게 기재·표시된 화장품

3. 판매의 목적이 아닌 제품의 홍보·판매촉진 등을 위하여 미리 소비자가 시험·사용하도록 제조 또는 수입된 화장품

4. 화장품의 포장 및 기재·표시 사항을 훼손(맞춤형화장품 판매를 위하여

필요한 경우는 제외한다) 또는 위조 · 변조한 것

② 누구든지(맞춤형화장품조제관리사를 통하여 판매하는 맞춤형화장품판매업자 및 제2조제3호의2나목 단서에 해당하는 화장품 중 소분 판매를 목적으로 제조된 화장품의 판매자는 제외한다) 화장품의 용기에 담은 내용물을 나누어 판매하여서는 아니 된다. 〈개정 2018. 3. 13., 2020. 4. 7.〉

제4절 화장품업 단체 등 〈개정 2018. 3. 13.〉

제17조(단체 설립) 영업자는 자주적인 활동과 공동이익을 보장하고 국민보건향상에 기여하기 위하여 단체를 설립할 수 있다. 〈개정 2018. 3. 13.〉

[제목개정 2018. 3. 13.]

제4장 감독

제18조(보고와 검사 등) ① 식품의약품안전처장은 필요하다고 인정하면 영업자 · 판매자 또는 그 밖에 화장품을 업무상 취급하는 자에 대하여 필요한 보고를 명하거나, 관계 공무원으로 하여금 화장품 제조장소 · 영업소 · 창고 · 판매장소, 그 밖에 화장품을 취급하는 장소에 출입하여 그 시설 또는 관계 장부나 서류, 그 밖의 물건의 검사 또는 관계인에 대한 질문을 할 수 있다. 〈개정 2013. 3. 23., 2018. 3. 13.〉

② 식품의약품안전처장은 화장품의 품질 또는 안전기준, 포장 등의 기재 · 표시 사항 등이 적합한지 여부를 검사하기 위하여 필요한 최소 분량을 수거하여 검사할 수 있다. 〈개정 2013. 3. 23.〉

③ 식품의약품안전처장은 총리령으로 정하는 바에 따라 제품의 판매에 대

한 모니터링 제도를 운영할 수 있다. 〈개정 2013. 3. 23.〉

④ 제1항의 경우에 관계 공무원은 그 권한을 표시하는 증표를 관계인에게 내보여야 한다.

⑤ 제1항 및 제2항의 관계 공무원의 자격과 그 밖에 필요한 사항은 총리령으로 정한다. 〈개정 2013. 3. 23.〉

제18조의2(소비자화장품안전관리감시원) ① 식품의약품안전처장 또는 지방식품의약품안전청장은 화장품 안전관리를 위하여 제17조에 따라 설립된 단체 또는 「소비자기본법」 제29조에 따라 등록한 소비자단체의 임직원 중 해당 단체의 장이 추천한 사람이나 화장품 안전관리에 관한 지식이 있는 사람을 소비자화장품안전관리감시원으로 위촉할 수 있다.

② 제1항에 따라 위촉된 소비자화장품안전관리감시원(이하 "소비자화장품감시원"이라 한다)의 직무는 다음 각 호와 같다.

1. 유통 중인 화장품이 제10조제1항 및 제2항에 따른 표시기준에 맞지 아니하거나 제13조제1항 각 호의 어느 하나에 해당하는 표시 또는 광고를 한 화장품인 경우 관할 행정관청에 신고하거나 그에 관한 자료 제공

2. 제18조제1항 · 제2항에 따라 관계 공무원이 하는 출입 · 검사 · 질문 · 수거의 지원

3. 그 밖에 화장품 안전관리에 관한 사항으로서 총리령으로 정하는 사항

③ 식품의약품안전처장 또는 지방식품의약품안전청장은 소비자화장품감시원에게 직무 수행에 필요한 교육을 실시할 수 있다.

④ 식품의약품안전처장 또는 지방식품의약품안전청장은 소비자화장품감시

원이 다음 각 호의 어느 하나에 해당하는 경우에는 해당 소비자화장품감시원을 해촉(解囑)하여야 한다.

1. 해당 소비자화장품감시원을 추천한 단체에서 퇴직하거나 해임된 경우

2. 제2항 각 호의 직무와 관련하여 부정한 행위를 하거나 권한을 남용한 경우

3. 질병이나 부상 등의 사유로 직무 수행이 어렵게 된 경우

⑤ 소비자화장품감시원의 자격, 교육, 그 밖에 필요한 사항은 총리령으로 정한다.

[본조신설 2018. 3. 13.]

제19조(시정명령) 식품의약품안전처장은 이 법을 지키지 아니하는 자에 대하여 필요하다고 인정하면 그 시정을 명할 수 있다. 〈개정 2013. 3. 23.〉

제20조(검사명령) 식품의약품안전처장은 영업자에 대하여 필요하다고 인정하면 취급한 화장품에 대하여 「식품 · 의약품분야 시험 · 검사 등에 관한 법률」 제6조제2항제5호에 따른 화장품 시험 · 검사기관의 검사를 받을 것을 명할 수 있다. 〈개정 2013. 3. 23., 2013. 7. 30., 2018. 3. 13.〉

제21조 삭제 〈2013. 7. 30.〉

제22조(개수명령) 식품의약품안전처장은 화장품제조업자가 갖추고 있는 시설이 제3조제2항에 따른 시설기준에 적합하지 아니하거나 노후 또는 오손되어 있어 그 시설로 화장품을 제조하면 화장품의 안전과 품질에 문제의 우려가 있다고 인정되는 경우에는 화장품제조업자에게 그 시설의 개수를 명하거나 그 개수가 끝날 때까지 해당 시설의 전부 또는 일부의 사용금지를 명할 수 있

다. 〈개정 2013. 3. 23., 2018. 3. 13.〉

제23조(회수 · 폐기명령 등) ① 식품의약품안전처장은 판매 · 보관 · 진열 · 제조 또는 수입한 화장품이나 그 원료 · 재료 등(이하 "물품"이라 한다)이 제9조, 제15조 또는 제16조제1항을 위반하여 국민보건에 위해를 끼칠 우려가 있는 경우에는 해당 영업자 · 판매자 또는 그 밖에 화장품을 업무상 취급하는 자에게 해당 물품의 회수 · 폐기 등의 조치를 명하여야 한다. 〈개정 2018. 12. 11.〉

② 식품의약품안전처장은 판매 · 보관 · 진열 · 제조 또는 수입한 물품이 국민보건에 위해를 끼치거나 끼칠 우려가 있다고 인정되는 경우에는 해당 영업자 · 판매자 또는 그 밖에 화장품을 업무상 취급하는 자에게 해당 물품의 회수 · 폐기 등의 조치를 명할 수 있다. 〈신설 2018. 12. 11.〉

③ 제1항 및 제2항에 따른 명령을 받은 영업자 · 판매자 또는 그 밖에 화장품을 업무상 취급하는 자는 미리 식품의약품안전처장에게 회수계획을 보고하여야 한다. 〈신설 2018. 12. 11.〉

④ 식품의약품안전처장은 다음 각 호의 어느 하나에 해당하는 경우에는 관계 공무원으로 하여금 해당 물품을 폐기하게 하거나 그 밖에 필요한 처분을 하게 할 수 있다. 〈개정 2013. 3. 23., 2018. 12. 11.〉

1. 제1항 및 제2항에 따른 명령을 받은 자가 그 명령을 이행하지 아니한 경우

2. 그 밖에 국민보건을 위하여 긴급한 조치가 필요한 경우

⑤ 제1항부터 제3항까지의 규정에 따른 물품의 회수에 필요한 위해성 등급

및 그 분류기준, 회수 · 폐기의 절차 · 계획 및 사후조치 등에 필요한 사항은 총리령으로 정한다. 〈신설 2015. 1. 28., 2018. 12. 11.〉

[제목개정 2015. 1. 28.]

제23조의2(위해화장품의 공표) ① 식품의약품안전처장은 다음 각 호의 어느 하나에 해당하는 경우에는 해당 영업자에 대하여 그 사실의 공표를 명할 수 있다. 〈개정 2018. 3. 13., 2018. 12. 11.〉

1. 제5조의2제2항에 따른 회수계획을 보고받은 때
2. 제23조제3항에 따른 회수계획을 보고받은 때

② 제1항에 따른 공표의 방법 · 절차 등에 필요한 사항은 총리령으로 정한다.

[본조신설 2015. 1. 28.]

제24조(등록의 취소 등) ① 영업자가 다음 각 호의 어느 하나에 해당하는 경우에는 식품의약품안전처장은 등록을 취소하거나 영업소 폐쇄(제3조의2제1항에 따라 신고한 영업만 해당한다. 이하 이 조에서 같다)를 명하거나, 품목의 제조 · 수입 및 판매(수입대행형 거래를 목적으로 하는 알선 · 수여를 포함한다)의 금지를 명하거나 1년의 범위에서 기간을 정하여 그 업무의 전부 또는 일부에 대한 정지를 명할 수 있다. 다만, 제1호의2, 제3호 또는 제14호(광고 업무에 한정하여 정지를 명한 경우는 제외한다)에 해당하는 경우에는 등록을 취소하거나 영업소를 폐쇄하여야 한다. 〈개정 2013. 3. 23., 2015. 1. 28., 2016. 5. 29., 2018. 3. 13., 2018. 12. 11., 2019. 1. 15., 2021. 8. 17.〉

1. 제3조제1항 후단에 따른 화장품제조업 또는 화장품책임판매업의 변경

사항 등록을 하지 아니한 경우

1의2. 거짓이나 그 밖의 부정한 방법으로 제3조제1항 또는 제3조의2제1항에 따른 등록 · 변경등록 또는 신고 · 변경신고를 한 경우

2. 제3조제2항에 따른 시설을 갖추지 아니한 경우

2의2. 제3조의2제1항 후단에 따른 맞춤형화장품판매업의 변경신고를 하지 아니한 경우

2의3. 맞춤형화장품판매업자가 제3조의2제2항에 따른 시설기준을 갖추지 아니하게 된 경우

3. 제3조의3 각 호의 어느 하나에 해당하는 경우

4. 국민보건에 위해를 끼쳤거나 끼칠 우려가 있는 화장품을 제조 · 수입한 경우

5. 제4조제1항을 위반하여 심사를 받지 아니하거나 보고서를 제출하지 아니한 기능성화장품을 판매한 경우

5의2. 제4조의2제1항에 따른 제품별 안전성 자료를 작성 또는 보관하지 아니한 경우

6. 제5조를 위반하여 영업자의 준수사항을 이행하지 아니한 경우

6의2. 제5조의2제1항을 위반하여 회수 대상 화장품을 회수하지 아니하거나 회수하는 데에 필요한 조치를 하지 아니한 경우

6의3. 제5조의2제2항을 위반하여 회수계획을 보고하지 아니하거나 거짓으로 보고한 경우

7. 삭제 〈2018. 3. 13.〉

8. 제9조에 따른 화장품의 안전용기 · 포장에 관한 기준을 위반한 경우

9. 제10조부터 제12조까지의 규정을 위반하여 화장품의 용기 또는 포장 및 첨부문서에 기재 · 표시한 경우

10. 제13조를 위반하여 화장품을 표시 · 광고하거나 제14조제4항에 따른 중지명령을 위반하여 화장품을 표시 · 광고 행위를 한 경우

11. 제15조를 위반하여 판매하거나 판매의 목적으로 제조 · 수입 · 보관 또는 진열한 경우

12. 제18조제1항 · 제2항에 따른 검사 · 질문 · 수거 등을 거부하거나 방해한 경우

13. 제19조, 제20조, 제22조, 제23조제1항 · 제2항 또는 제23조의2에 따른 시정명령 · 검사명령 · 개수명령 · 회수명령 · 폐기명령 또는 공표명령 등을 이행하지 아니한 경우

13의2. 제23조제3항에 따른 회수계획을 보고하지 아니하거나 거짓으로 보고한 경우

14. 업무정지기간 중에 업무를 한 경우

② 제1항에 따른 행정처분의 기준은 총리령으로 정한다. 〈개정 2013. 3. 23.〉

[제목개정 2018. 3. 13.]

제24조의2(기능성화장품의 인정 취소) 식품의약품안전처장은 화장품제조업자, 화장품책임판매업자 또는 총리령으로 정하는 대학 · 연구소 등이 다음 각 호의 어느 하나에 해당하는 경우에는 기능성화장품 인정을 취소하여야 한다.

1. 거짓이나 그 밖의 부정한 방법으로 제4조에 따른 심사 또는 변경심사를 받은 경우

2. 거짓이나 그 밖의 부정한 방법으로 제4조에 따른 보고서를 제출한 경우

[본조신설 2021. 8. 17.]

제25조 삭제 〈2013. 7. 30.〉

제26조(영업자의 지위 승계) 영업자가 사망하거나 그 영업을 양도한 경우 또는 법인인 영업자가 합병한 경우에는 그 상속인, 영업을 양수한 자 또는 합병 후 존속하는 법인이나 합병에 따라 설립되는 법인이 그 영업자의 의무 및 지위를 승계한다. 〈개정 2018. 3. 13.〉

[제목개정 2018. 3. 13.]

제26조의2(행정제재처분 효과의 승계) 제26조에 따라 영업자의 지위를 승계한 경우에 종전의 영업자에 대한 제24조에 따른 행정제재처분의 효과는 그 처분 기간이 끝난 날부터 1년간 해당 영업자의 지위를 승계한 자에게 승계되며, 행정제재처분의 절차가 진행 중일 때에는 해당 영업자의 지위를 승계한 자에 대하여 그 절차를 계속 진행할 수 있다. 다만, 영업자의 지위를 승계한 자가 지위를 승계할 때에 그 처분 또는 위반 사실을 알지 못하였음을 증명하는 경우에는 그러하지 아니하다.

[본조신설 2018. 12. 11.]

제27조(청문) 식품의약품안전처장은 제3조의8에 따른 자격의 취소, 제14조의2제3항에 따른 인증의 취소, 제14조의5제2항에 따른 인증기관 지정의 취소 또는 업무의 전부에 대한 정지를 명하거나 제24조에 따른 등록의 취소, 영

업소 폐쇄, 품목의 제조 · 수입 및 판매(수입대행형 거래를 목적으로 하는 알선 · 수여를 포함한다)의 금지 또는 업무의 전부에 대한 정지를 명하고자 하는 경우에는 청문을 하여야 한다. 〈개정 2013. 3. 23., 2016. 5. 29., 2018. 3. 13., 2021. 8. 17.〉

제28조(과징금처분) ① 식품의약품안전처장은 제24조에 따라 영업자에게 업무정지처분을 하여야 할 경우에는 그 업무정지처분을 갈음하여 10억원 이하의 과징금을 부과할 수 있다. 〈개정 2013. 3. 23., 2018. 3. 13., 2018. 12. 11.〉

② 제1항에 따른 과징금을 부과하는 위반행위의 종류와 위반정도 등에 따른 과징금의 금액과 그 밖에 필요한 사항은 대통령령으로 정한다.

③ 식품의약품안전처장은 과징금을 부과하기 위하여 필요한 경우에는 다음 각 호의 사항을 적은 문서로 관할 세무관서의 장에게 과세 정보 제공을 요청할 수 있다. 〈신설 2018. 3. 13.〉

1. 납세자의 인적 사항
2. 과세 정보의 사용 목적
3. 과징금 부과기준이 되는 매출금액

④ 식품의약품안전처장은 제1항에 따른 과징금을 내야 할 자가 납부기한까지 과징금을 내지 아니하면 대통령령으로 정하는 바에 따라 제1항에 따른 과징금부과처분을 취소하고 제24조제1항에 따른 업무정지처분을 하거나 국세 체납처분의 예에 따라 이를 징수한다. 다만, 제6조에 따른 폐업 등으로 제24조제1항에 따른 업무정지처분을 할 수 없을 때에는 국세 체납처분의 예에 따

라 이를 징수한다. 〈개정 2013. 3. 23., 2018. 3. 13.〉

⑤ 식품의약품안전처장은 제4항에 따라 체납된 과징금의 징수를 위하여 다음 각 호의 어느 하나에 해당하는 자료 또는 정보를 해당 각 호의 자에게 요청할 수 있다. 이 경우 요청을 받은 자는 정당한 사유가 없으면 요청에 따라야 한다. 〈신설 2018. 3. 13.〉

1. 「건축법」 제38조에 따른 건축물대장 등본: 국토교통부장관

2. 「공간정보의 구축 및 관리 등에 관한 법률」 제71조에 따른 토지대장 등본: 국토교통부장관

3. 「자동차관리법」 제7조에 따른 자동차등록원부 등본: 특별시장 · 광역시장 · 특별자치시장 · 도지사 또는 특별자치도지사

제28조의2(위반사실의 공표) ① 식품의약품안전처장은 제22조, 제23조, 제23조의2, 제24조 또는 제28조에 따라 행정처분이 확정된 자에 대한 처분 사유, 처분 내용, 처분 대상자의 명칭 · 주소 및 대표자 성명, 해당 품목의 명칭 등 처분과 관련한 사항으로서 대통령령으로 정하는 사항을 공표할 수 있다.

② 제1항에 따른 공표방법 등 공표에 필요한 사항은 대통령령으로 정한다.

[본조신설 2015. 1. 28.]

제29조(자발적 관리의 지원) 식품의약품안전처장은 영업자가 스스로 표시 · 광고, 품질관리, 국내외 인증 등의 준수사항을 위하여 노력하는 자발적 관리체계가 정착 · 확산될 수 있도록 행정적 · 재정적 지원을 할 수 있다. 〈개정 2013. 3. 23., 2018. 3. 13.〉

제30조(수출용 제품의 예외) 국내에서 판매되지 아니하고 수출만을 목적으

로 하는 제품은 제4조, 제8조부터 제12조까지, 제14조, 제15조제1호 · 제5호, 제16조제1항제2호 · 제3호 및 같은 조 제2항을 적용하지 아니하고 수입국의 규정에 따를 수 있다. 〈개정 2016. 5. 29.〉

제5장 보칙

제31조(등록필증 등의 재교부) 영업자가 등록필증 · 신고필증 또는 기능성화장품심사결과통지서 등을 잃어버리거나 못쓰게 될 때는 총리령으로 정하는 바에 따라 이를 다시 교부받을 수 있다. 〈개정 2013. 3. 23., 2018. 3. 13.〉

제32조(수수료) ① 다음 각 호의 어느 하나에 해당하는 자는 총리령으로 정하는 바에 따라 식품의약품안전처장에게 수수료를 납부하여야 한다. 다만, 제3조의4제3항에 따라 업무를 위탁하는 경우에는 위탁받은 기관(이하 이 조에서 "수탁기관"이라 한다)이 정하는 수수료를 해당 수탁기관에 납부하여야 한다. 〈개정 2021. 8. 17.〉

1. 이 법에 따른 등록 · 신고를 하거나 심사 · 인증을 받으려는 자
2. 이 법에 따른 등록 · 신고사항 또는 심사 · 인증받은 사항을 변경하려는 자
3. 제3조의4에 따른 자격시험에 응시하거나 그 자격증의 발급을 신청하려는 자

② 수탁기관은 제1항 단서에 따라 수수료를 정하는 경우 그 기준을 정하여 식품의약품안전처장의 승인을 받아야 한다. 승인받은 사항을 변경하려는 경우에도 또한 같다. 〈신설 2021. 8. 17.〉

③ 제1항 단서에 따라 수탁기관이 징수하는 수수료는 제3조의4제3항에 따른 수탁업무의 이행 대가로서 수탁기관의 수입으로 한다. 〈신설 2021. 8. 17.〉

[전문개정 2018. 3. 13.]

제33조(화장품산업의 지원) 보건복지부장관과 식품의약품안전처장은 화장품산업의 진흥을 위한 기반조성 및 경쟁력 강화에 필요한 시책을 수립·시행하여야 하며 이를 위한 재원을 마련하고 기술개발, 조사·연구 사업, 해외정보의 제공, 국제협력체계의 구축 등에 필요한 지원을 하여야 한다. 〈개정 2013. 3. 23., 2018. 3. 13.〉

제33조의2(국제협력) 식품의약품안전처장은 화장품의 수출 진흥 및 안전과 품질관리 등을 위하여 수입국·수출국과 협약을 체결하는 등 국제협력에 노력하여야 한다.

[본조신설 2018. 12. 11.]

제34조(권한 등의 위임·위탁) ① 이 법에 따른 식품의약품안전처장의 권한은 그 일부를 대통령령으로 정하는 바에 따라 지방식품의약품안전청장이나 특별시장·광역시장·도지사 또는 특별자치도지사에게 위임할 수 있다. 〈개정 2013. 3. 23.〉

② 식품의약품안전처장은 이 법에 따른 화장품에 관한 업무의 일부를 대통령령으로 정하는 바에 따라 제17조에 따른 단체 또는 화장품 관련 기관·법인·단체에 위탁할 수 있다. 〈개정 2013. 3. 23., 2018. 3. 13.〉

[제목개정 2018. 3. 13.]

제6장 벌칙

제35조 삭제 〈2018. 3. 13.〉

제36조(벌칙) ① 다음 각 호의 어느 하나에 해당하는 자는 3년 이하의 징역 또는 3천만원 이하의 벌금에 처한다. 〈개정 2014. 3. 18., 2018. 3. 13., 2021. 8. 17.〉

1. 제3조제1항 전단을 위반한 자

1의2. 거짓이나 그 밖의 부정한 방법으로 제3조제1항 또는 제3조의2제1항에 따른 등록 · 변경등록 또는 신고 · 변경신고를 한 자

1의3. 제3조의2제1항 전단을 위반한 자

1의4. 제3조의2제2항을 위반한 자

2. 제4조제1항 전단을 위반한 자

2의2. 거짓이나 그 밖의 부정한 방법으로 제4조에 따른 심사 · 변경심사를 받거나 보고서를 제출한 자

2의3. 제14조의2제3항제1호의 거짓이나 부정한 방법으로 인증받은 자

2의4. 제14조의4제2항을 위반하여 인증표시를 한 자

3. 제15조를 위반한 자

4. 제16조제1항제1호 · 제1호의2 또는 제4호를 위반한 자

② 제1항의 징역형과 벌금형은 이를 함께 부과할 수 있다.

제37조(벌칙) ① 제3조의6, 제4조의2제1항, 제9조, 제13조, 제16조제1항제2호 · 제3호 또는 같은 조 제2항을 위반하거나, 제14조제4항에 따른 중지명령에 따르지 아니한 자는 1년 이하의 징역 또는 1천만원 이하의 벌금에 처한다. 〈개정 2013. 7. 30., 2014. 3. 18., 2019. 1. 15., 2021. 8. 17.〉

② 제1항의 징역형과 벌금형은 이를 함께 부과할 수 있다.

제38조(벌칙) 다음 각 호의 어느 하나에 해당하는 자는 200만원 이하의 벌금에 처한다. 〈개정 2018. 3. 13., 2018. 12. 11., 2021. 8. 17.〉

1. 제5조제1항부터 제4항까지의 규정에 따른 준수사항을 위반한 자

1의2. 제5조의2제1항을 위반한 자

1의3. 제5조의2제2항을 위반한 자

2. 제10조제1항(같은 항 제7호는 제외한다) · 제2항을 위반한 자

2의2. 제14조의3에 따른 인증의 유효기간이 경과한 화장품에 대하여 제14조의4제1항에 따른 인증표시를 한 자

3. 제18조, 제19조, 제20조, 제22조 및 제23조에 따른 명령을 위반하거나 관계 공무원의 검사 · 수거 또는 처분을 거부 · 방해하거나 기피한 자

제39조(양벌규정) 법인의 대표자나 법인 또는 개인의 대리인, 사용인, 그 밖의 종업원이 그 법인 또는 개인의 업무에 관하여 제36조부터 제38조까지의 어느 하나에 해당하는 위반행위를 하면 그 행위자를 벌하는 외에 그 법인 또는 개인에게도 해당 조문의 벌금형을 과(科)한다. 다만, 법인 또는 개인이 그 위반행위를 방지하기 위하여 해당 업무에 관하여 상당한 주의와 감독을 게을리하지 아니한 경우에는 그러하지 아니하다. 〈개정 2018. 3. 13.〉

제40조(과태료) ① 다음 각 호의 어느 하나에 해당하는 자에게는 100만원 이하의 과태료를 부과한다. 〈개정 2016. 2. 3., 2018. 3. 13., 2018. 12. 11., 2021. 8. 17.〉

1. 삭제 〈2018. 3. 13.〉

1의2. 제3조의7을 위반하여 맞춤형화장품조제관리사 또는 이와 유사한 명

칭을 사용한 자

2. 제4조제1항 후단을 위반하여 변경심사를 받지 아니한 자

3. 제5조제5항을 위반하여 화장품의 생산실적 또는 수입실적 또는 화장품 원료의 목록 등을 보고하지 아니한 자

3의2. 제5조제6항을 위반하여 맞춤형화장품 원료의 목록을 보고하지 아니한 자

4. 제5조제7항을 위반하여 교육을 받지 아니한 자

4의2. 제5조제8항에 따른 명령을 위반한 자

5. 제6조를 위반하여 폐업 등의 신고를 하지 아니한 자

5의2. 제10조제1항제7호 및 제11조를 위반하여 화장품의 판매 가격을 표시하지 아니한 자

6. 제18조에 따른 명령을 위반하여 보고를 하지 아니한 자

7. 제15조의2제1항을 위반하여 동물실험을 실시한 화장품 또는 동물실험을 실시한 화장품 원료를 사용하여 제조(위탁제조를 포함한다) 또는 수입한 화장품을 유통 · 판매한 자

② 제1항에 따른 과태료는 대통령령으로 정하는 바에 따라 식품의약품안전처장이 부과 · 징수한다. 〈개정 2013. 3. 23.〉

부칙 〈제20512호, 2024. 10. 22.〉 (집행유예 선고에 관한 결격사유 명확화를 위한 마약류 관리에 관한 법률 등 5개 법률의 일부개정에 관한 법률)

이 법은 공포한 날부터 시행한다. 〈단서 생략〉

화장품법 시행규칙

[시행 2024. 7. 9.] [총리령 제1970호, 2024. 7. 9., 일부개정]

제1조(목적) 이 규칙은 「화장품법」 및 같은 법 시행령에서 위임된 사항과 그 시행에 필요한 사항을 규정함을 목적으로 한다.

제2조(기능성화장품의 범위) 「화장품법」(이하 "법"이라 한다) 제2조제2호 각 목 외의 부분에서 "총리령으로 정하는 화장품"이란 다음 각 호의 화장품을 말한다. 〈개정 2013. 3. 23., 2017. 1. 12., 2020. 8. 5.〉

1. 피부에 멜라닌색소가 침착하는 것을 방지하여 기미·주근깨 등의 생성을 억제함으로써 피부의 미백에 도움을 주는 기능을 가진 화장품
2. 피부에 침착된 멜라닌색소의 색을 엷게 하여 피부의 미백에 도움을 주는 기능을 가진 화장품
3. 피부에 탄력을 주어 피부의 주름을 완화 또는 개선하는 기능을 가진 화장품
4. 강한 햇볕을 방지하여 피부를 곱게 태워주는 기능을 가진 화장품
5. 자외선을 차단 또는 산란시켜 자외선으로부터 피부를 보호하는 기능을 가진 화장품
6. 모발의 색상을 변화[탈염(脫染)·탈색(脫色)을 포함한다]시키는 기능을

가진 화장품. 다만, 일시적으로 모발의 색상을 변화시키는 제품은 제외한다.

7. 체모를 제거하는 기능을 가진 화장품. 다만, 물리적으로 체모를 제거하는 제품은 제외한다.
8. 탈모 증상의 완화에 도움을 주는 화장품. 다만, 코팅 등 물리적으로 모발을 굵게 보이게 하는 제품은 제외한다.
9. 여드름성 피부를 완화하는 데 도움을 주는 화장품. 다만, 인체세정용 제품류로 한정한다.
10. 피부장벽(피부의 가장 바깥 쪽에 존재하는 각질층의 표피를 말한다)의 기능을 회복하여 가려움 등의 개선에 도움을 주는 화장품
11. 튼살로 인한 붉은 선을 엷게 하는 데 도움을 주는 화장품

제2조의2(맞춤형화장품의 제외 대상) 법 제2조제3호의2나목 단서에서 "고형(固形) 비누 등 총리령으로 정하는 화장품"이란 고체 형태의 세안용 비누(이하 "화장비누"라 한다)를 말한다. 〈개정 2022. 2. 18.〉

[본조신설 2020. 6. 30.]

제3조(제조업의 등록 등) ① 삭제 〈2019. 3. 14.〉

② 법 제3조제1항 전단에 따라 화장품제조업 등록을 하려는 자는 별지 제1호서식의 화장품제조업 등록신청서(전자문서로 된 신청서를 포함한다)에 다음 각 호의 서류(전자문서를 포함한다)를 첨부하여 제조소의 소재지를 관할하는 지방식품의약품안전청장에게 제출하여야 한다. 〈개정 2019. 3. 14.〉

1. 화장품제조업을 등록하려는 자(법인인 경우에는 대표자를 말한다. 이하 이 항에서 같다)가 법 제3조의3제1호 본문에 해당되지 않음을 증명하는 의사의 진단서 또는 법 제3조의3제1호 단서에 해당하는 사람임을 증명하는 전문의의 진단서
2. 화장품제조업을 등록하려는 자가 법 제3조의3제3호에 해당되지 않음을 증명하는 의사의 진단서
3. 시설의 명세서

③ 제2항에 따라 신청서를 받은 지방식품의약품안전청장은 「전자정부법」 제36조제1항에 따른 행정정보의 공동이용을 통하여 법인 등기사항증명서(법인인 경우만 해당한다)를 확인하여야 한다.

④ 지방식품의약품안전청장은 제2항에 따른 등록신청이 등록요건을 갖춘 경우에는 화장품 제조업 등록대장에 다음 각 호의 사항을 적고, 별지 제2호서식의 화장품제조업 등록필증을 발급해야 한다. 〈개정 2014. 9. 24., 2019. 3. 14., 2023. 6. 22.〉

1. 등록번호 및 등록연월일
2. 화장품제조업자(화장품제조업을 등록한 자를 말한다. 이하 같다)의 성명 및 「개인정보 보호법 시행령」 제19조제1호 또는 제4호에 따른 주민등록번호 또는 외국인등록번호(이하 "주민등록번호등"이라 한다). 이 경우 화장품제조업자가 법인인 경우에는 대표자의 성명 및 주민등록번호등을 적는다.
3. 화장품제조업자의 상호(법인인 경우에는 법인의 명칭)

4. 제조소의 소재지

5. 제조 유형

제4조(화장품책임판매업의 등록 등) ① 삭제 〈2019. 3. 14.〉

② 법 제3조제1항 전단에 따라 화장품책임판매업을 등록하려는 자는 별지 제3호서식의 화장품책임판매업 등록신청서(전자문서로 된 신청서를 포함한다)에 다음 각 호의 서류[전자문서를 포함하며, 「화장품법 시행령」(이하 "영"이라 한다) 제2조제2호라목에 해당하는 경우에는 제출하지 않는다]를 첨부하여 화장품책임판매업소의 소재지를 관할하는 지방식품의약품안전청장에게 제출해야 한다. 〈개정 2019. 3. 14.〉

1. 법 제3조제3항에 따른 화장품의 품질관리 및 책임판매 후 안전관리에 적합한 기준에 관한 규정

2. 법 제3조제3항에 따른 책임판매관리자(이하 "책임판매관리자"라 한다)의 자격을 확인할 수 있는 서류

③ 제2항에 따라 신청서를 받은 지방식품의약품안전청장은 「전자정부법」 제36조제1항에 따른 행정정보의 공동이용을 통하여 법인 등기사항증명서(법인인 경우만 해당한다)를 확인하여야 한다.

④ 지방식품의약품안전청장은 제2항에 따른 등록신청이 등록요건을 갖춘 경우에는 화장품책임판매업 등록대장에 다음 각 호의 사항을 적고, 별지 제4호서식의 화장품책임판매업 등록필증을 발급해야 한다. 〈개정 2014. 9. 24., 2019. 3. 14., 2023. 6. 22.〉

1. 등록번호 및 등록연월일

2. 화장품책임판매업자(화장품책임판매업을 등록한 자를 말한다. 이하 같다)의 성명 및 주민등록번호등(법인인 경우에는 대표자의 성명 및 주민등록번호등을 말한다)
3. 화장품책임판매업자의 상호(법인인 경우에는 법인의 명칭)
4. 화장품책임판매업소의 소재지
5. 책임판매관리자의 성명 및 주민등록번호등
6. 책임판매 유형

[제목개정 2019. 3. 14.]

제5조(화장품제조업 등의 변경등록) ① 법 제3조제1항 후단에 따라 화장품제조업자 또는 화장품책임판매업자가 변경등록을 하여야 하는 경우는 다음 각 호와 같다. 〈개정 2014. 9. 24., 2019. 3. 14.〉

1. 화장품제조업자는 다음 각 목의 어느 하나에 해당하는 경우
   가. 화장품제조업자의 변경(법인인 경우에는 대표자의 변경)
   나. 화장품제조업자의 상호 변경(법인인 경우에는 법인의 명칭 변경)
   다. 제조소의 소재지 변경
   라. 제조 유형 변경
2. 화장품책임판매업자는 다음 각 목의 어느 하나에 해당하는 경우
   가. 화장품책임판매업자의 변경(법인인 경우에는 대표자의 변경)
   나. 화장품책임판매업자의 상호 변경(법인인 경우에는 법인의 명칭 변경)
   다. 화장품책임판매업소의 소재지 변경

라. 책임판매관리자의 변경

마. 책임판매 유형 변경

② 화장품제조업자 또는 화장품책임판매업자는 제1항에 따른 변경등록을 하는 경우에는 변경 사유가 발생한 날부터 30일(행정구역 개편에 따른 소재지 변경의 경우에는 90일) 이내에 별지 제5호서식의 화장품제조업 변경등록 신청서(전자문서로 된 신청서를 포함한다) 또는 별지 제6호서식의 화장품책임판매업 변경등록 신청서(전자문서로 된 신청서를 포함한다)에 화장품제조업 등록필증 또는 화장품책임판매업 등록필증과 다음 각 호의 구분에 따라 해당 서류(전자문서를 포함한다)를 첨부하여 지방식품의약품안전청장에게 제출하여야 한다. 이 경우 등록 관청을 달리하는 화장품제조소 또는 화장품책임판매업소의 소재지 변경의 경우에는 새로운 소재지를 관할하는 지방식품의약품안전청장에게 제출하여야 한다. 〈개정 2014. 9. 24., 2016. 9. 9., 2019. 3. 14., 2019. 12. 12.〉

1. 화장품제조업자 또는 화장품책임판매업자의 변경(법인의 경우에는 대표자의 변경)의 경우에는 다음 각 목의 서류

   가. 제3조제2항제1호에 해당하는 서류(제조업자만 제출한다)

   나. 제3조제2항제2호에 해당하는 서류(제조업자만 제출한다)

   다. 양도 · 양수의 경우에는 이를 증명하는 서류

   라. 삭제 〈2024. 7. 9.〉

2. 제조소의 소재지 변경(행정구역개편에 따른 사항은 제외한다)의 경우:

제3조제2항제3호에 해당하는 서류

3. 책임판매관리자 변경의 경우: 제4조제2항제2호에 해당하는 서류(영 제2조제2호라목의 화장품책임판매업을 등록한 자가 두는 책임판매관리자는 제외한다)
4. 다음 각 목에 해당하는 제조 유형 또는 책임판매 유형 변경의 경우
   가. 영 제2조제1호다목의 화장품제조 유형으로 등록한 자가 같은 호 가목 또는 나목의 화장품제조 유형으로 변경하거나 같은 호 가목 또는 나목의 제조 유형을 추가하는 경우: 제3조제2항제3호에 해당하는 서류
   나. 영 제2조제2호라목의 화장품책임판매 유형으로 등록한 자가 같은 호 가목부터 다목까지의 책임판매 유형으로 변경하거나 같은 호 가목부터 다목까지의 책임판매 유형을 추가하는 경우: 제4조제2항제1호 및 제2호에 해당하는 서류

③ 제1항 및 제2항에 따라 화장품제조업 변경등록 신청서 또는 화장품책임판매업 변경등록 신청서를 받은 지방식품의약품안전청장은 「전자정부법」 제36조제1항에 따른 행정정보의 공동이용을 통하여 법인 등기사항증명서(법인인 경우만 해당한다) 및 가족관계증명서(상속의 경우만 해당한다)를 확인하여야 한다. 〈개정 2019. 3. 14., 2024. 7. 9.〉

④ 지방식품의약품안전청장은 제2항 및 제3항에 따른 변경등록 신청사항을 확인한 후 화장품 제조업 등록대장 또는 화장품책임판매업 등록대장에 각각의 변경사항을 적고, 화장품제조업 등록필증 또는 화장품책

임판매업 등록필증의 뒷면에 변경사항을 적은 후 이를 내주어야 한다. 〈개정 2019. 3. 14.〉

[제목개정 2019. 3. 14.]

제6조(시설기준 등) ① 법 제3조제2항 본문에 따라 화장품제조업을 등록하려는 자가 갖추어야 하는 시설은 다음 각 호와 같다. 〈개정 2019. 3. 14.〉

1. 제조 작업을 하는 다음 각 목의 시설을 갖춘 작업소

   가. 쥐 · 해충 및 먼지 등을 막을 수 있는 시설

   나. 작업대 등 제조에 필요한 시설 및 기구

   다. 가루가 날리는 작업실은 가루를 제거하는 시설

2. 원료 · 자재 및 제품을 보관하는 보관소

3. 원료 · 자재 및 제품의 품질검사를 위하여 필요한 시험실

4. 품질검사에 필요한 시설 및 기구

② 제1항에도 불구하고 법 제3조제2항 단서에 따라 다음 각 호의 경우에는 그 구분에 따라 시설의 일부를 갖추지 아니할 수 있다. 〈개정 2013. 3. 23., 2014. 8. 20., 2019. 3. 14.〉

1. 화장품제조업자가 화장품의 일부 공정만을 제조하는 경우에는 해당 공정에 필요한 시설 및 기구 외의 시설 및 기구

2. 다음 각 목의 어느 하나에 해당하는 기관 등에 원료 · 자재 및 제품에 대한 품질검사를 위탁하는 경우에는 제1항제3호 및 제4호의 시설 및 기구

   가. 「보건환경연구원법」 제2조에 따른 보건환경연구원

나. 제1항제3호에 따른 시험실을 갖춘 제조업자

다. 「식품 · 의약품분야 시험 · 검사 등에 관한 법률」 제6조에 따른 화장품 시험 · 검사기관(이하 "화장품 시험 · 검사기관"이라 한다)

라. 「약사법」 제67조에 따라 조직된 사단법인인 한국의약품수출입협회

③ 제조업자는 화장품의 제조시설을 이용하여 화장품 외의 물품을 제조할 수 있다. 다만, 제품 상호간에 오염의 우려가 있는 경우에는 그러하지 아니하다.

제7조(화장품의 품질관리기준 등) 법 제3조제3항에 따른 화장품의 품질관리기준은 별표 1과 같고, 책임판매 후 안전관리기준은 별표 2와 같다. 〈개정 2019. 3. 14.〉

제8조(책임판매관리자의 자격기준 등) ① 법 제3조제3항에 따라 화장품책임판매업자(영 제2조제2호라목의 화장품책임판매업을 등록한 자는 제외한다)가 두어야 하는 책임판매관리자는 다음 각 호의 어느 하나의 해당하는 사람이어야 한다. 〈개정 2013. 12. 6., 2014. 9. 24., 2016. 9. 9., 2018. 12. 31., 2019. 3. 14., 2021. 5. 14., 2023. 6. 22.〉

1. 「의료법」에 따른 의사 또는 「약사법」에 따른 약사
2. 이공계(「국가과학기술 경쟁력 강화를 위한 이공계지원 특별법」 제2조제1호에 따른 이공계를 말한다) 학과 또는 향장학 · 화장품과학 · 한의학 · 한약학 · 간호학 · 간호과학 · 건강간호학 등을 전공하여 학사 이상의 학위를 취득(법령에서 이와 같은 수준 이상의 학력이 있다고 인정하

는 경우를 포함한다)한 사람

2의2. 삭제 〈2023. 6. 22.〉

3. 화학 · 생물학 · 화학공학 · 생물공학 · 미생물학 · 생화학 · 생명과학 · 생명공학 · 유전공학 · 향장학 · 화장품과학 · 한의학 · 한약학 · 간호학 · 간호과학 · 건강간호학 등 화장품 관련 분야(이하 "화장품 관련 분야"라 한다)를 전공하여 전문학사 학위를 취득(법령에서 이와 같은 수준 이상의 학력이 있다고 인정하는 경우를 포함한다)한 후 화장품 제조 또는 품질관리 업무에 1년 이상 종사한 경력이 있는 사람

3의2. 삭제 〈2023. 6. 22.〉

3의3. 식품의약품안전처장이 정하여 고시하는 전문 교육과정을 이수한 사람(식품의약품안전처장이 정하여 고시하는 품목만 해당한다)

3의4. 법 제3조의2제2항에 따른 맞춤형화장품조제관리사(이하 "맞춤형화장품조제관리사"라 한다) 자격시험에 합격한 사람

4. 그 밖에 화장품 제조 또는 품질관리 업무에 2년 이상 종사한 경력이 있는 사람

5. 삭제 〈2014. 9. 24.〉

6. 삭제 〈2014. 9. 24.〉

② 책임판매관리자는 다음 각 호의 직무를 수행한다. 〈개정 2019. 3. 14.〉

1. 별표 1의 품질관리기준에 따른 품질관리 업무

2. 별표 2의 책임판매 후 안전관리기준에 따른 안전확보 업무

3. 원료 및 자재의 입고(入庫)부터 완제품의 출고에 이르기까지 필요한 시

험 · 검사 또는 검정에 대하여 제조업자를 관리 · 감독하는 업무

③ 상시근로자수가 10명 이하인 화장품책임판매업을 경영하는 화장품책임판매업자(법인인 경우에는 그 대표자를 말한다)가 제1항 각 호의 어느 하나에 해당하는 사람인 경우에는 그 사람이 제2항에 따른 책임판매관리자의 직무를 수행할 수 있다. 이 경우 책임판매관리자를 둔 것으로 본다. 〈신설 2013. 12. 6., 2016. 6. 30., 2019. 3. 14.〉

④ 책임판매관리자는 해당 화장품책임판매업소의 책임판매관리자 업무에 종사하지 않게 된 경우에는 별지 제6호의2서식의 관리업무 비종사신고서에 그 사유서를 첨부하여 해당 화장품책임판매업소의 소재지를 관할하는 지방식품의약품안전청장에게 제출할 수 있다. 〈신설 2024. 7. 9.〉

[제목개정 2019. 3. 14.]

제8조의2(맞춤형화장품판매업의 신고) ① 법 제3조의2제1항 전단에 따라 맞춤형화장품판매업의 신고를 하려는 자는 별지 제6호의3서식의 맞춤형화장품판매업 신고서에 맞춤형화장품조제관리사의 자격증 사본과 시설의 명세서를 첨부하여 맞춤형화장품판매업소의 소재지를 관할하는 지방식품의약품안전청장에게 제출해야 한다. 다만, 맞춤형화장품판매업을 신고한 자(이하 "맞춤형화장품판매업자"라 한다)가 판매업소로 신고한 소재지 외의 장소에서 1개월의 범위에서 한시적으로 같은 영업을 하려는 경우에는 해당 맞춤형화장품판매업 신고서에 별지 제6호의4서식에 따른 맞춤형화장품판매업 신고필증 사본과 맞춤형화장품조제관리사 자격증 사본을 첨부하여 제출해야 한다. 〈개정 2021. 5. 14., 2021. 10. 15., 2022. 2. 18., 2024. 7. 9.〉

② 지방식품의약품안전청장은 제1항에 따른 신고를 받은 경우에는 「전자정부법」 제36조제1항에 따른 행정정보의 공동이용을 통해 법인 등기사항증명서(법인인 경우만 해당한다)를 확인해야 한다.

③ 지방식품의약품안전청장은 제1항에 따른 신고가 그 요건을 갖춘 경우에는 맞춤형화장품판매업 신고대장에 다음 각 호의 사항을 적고, 별지 제6호의4서식의 맞춤형화장품판매업 신고필증을 발급해야 한다. 〈개정 2021. 10. 15., 2023. 6. 22., 2024. 7. 9.〉

1. 신고 번호 및 신고 연월일
2. 맞춤형화장품판매업자의 성명 및 주민등록번호등(법인인 경우에는 대표자의 성명 및 주민등록번호등을 말한다)
3. 맞춤형화장품판매업자의 상호 및 소재지
4. 맞춤형화장품판매업소의 상호 및 소재지
5. 맞춤형화장품조제관리사의 성명, 주민등록번호등 및 자격증 번호
6. 영업의 기간(제1항 단서에 따라 한시적으로 맞춤형화장품판매업을 하려는 경우만 해당한다)

④ 맞춤형화장품판매업자가 법 제3조의4제1항에 따른 맞춤형화장품조제관리사 자격시험(이하 "자격시험"이라 한다)에 합격한 경우에는 해당 맞춤형화장품판매업자의 판매업소 중 하나의 판매업소에서 맞춤형화장품조제관리사 업무를 수행할 수 있다. 이 경우 해당 판매업소에는 맞춤형화장품조제관리사를 둔 것으로 본다. 〈신설 2021. 5. 14.〉

⑤ 맞춤형화장품조제관리사는 해당 맞춤형화장품판매업소의 맞춤형화장

품조제관리사 업무에 종사하지 않게 된 경우에는 별지 제6호의2서식의 관리업무 비종사신고서에 그 사유서를 첨부하여 해당 맞춤형화장품판매업소의 소재지를 관할하는 지방식품의약품안전청장에게 제출할 수 있다. 〈신설 2024. 7. 9.〉

[본조신설 2020. 3. 13.]

제8조의3(맞춤형화장품판매업의 변경신고) ① 법 제3조의2제1항 후단에 따라 맞춤형화장품판매업자가 변경신고를 해야 하는 경우는 다음 각 호와 같다.

1. 맞춤형화장품판매업자를 변경하는 경우
2. 맞춤형화장품판매업소의 상호 또는 소재지를 변경하는 경우
3. 맞춤형화장품조제관리사를 변경하는 경우

② 맞춤형화장품판매업자가 제1항에 따른 변경신고를 하려면 별지 제6호의5서식의 맞춤형화장품판매업 변경신고서(전자문서로 된 신고서를 포함한다)에 맞춤형화장품판매업 신고필증과 그 변경을 증명하는 서류(전자문서를 포함한다)를 첨부하여 맞춤형화장품판매업소의 소재지를 관할하는 지방식품의약품안전청장에게 제출해야 한다. 이 경우 소재지를 변경하는 때에는 새로운 소재지를 관할하는 지방식품의약품안전청장에게 제출해야 한다. 〈개정 2024. 7. 9.〉

③ 지방식품의약품안전청장은 제2항에 따라 맞춤형화장품판매업 변경신고를 받은 경우에는 「전자정부법」 제36조제1항에 따른 행정정보의 공동이용을 통해 법인 등기사항증명서(법인인 경우만 해당한다)를 확인해야 한다.

④ 지방식품의약품안전청장은 제2항에 따른 변경신고가 그 요건을 갖춘 때에는 맞춤형화장품판매업 신고대장과 맞춤형화장품판매업 신고필증의 뒷면에 각각의 변경사항을 적어야 한다. 이 경우 맞춤형화장품판매업 신고필증은 신고인에게 다시 내주어야 한다.

[본조신설 2020. 3. 13.]

제8조의4(맞춤형화장품판매업의 시설기준) 법 제3조의2제2항에 따라 맞춤형화장품판매업을 신고하려는 자는 맞춤형화장품의 혼합 · 소분 공간을 그 외의 용도로 사용되는 공간과 분리 또는 구획하여 갖추어야 한다. 다만, 혼합 · 소분 과정에서 맞춤형화장품의 품질 · 안전 등 보건위생상 위해가 발생할 우려가 없다고 인정되는 경우에는 혼합 · 소분 공간을 분리 또는 구획하여 갖추지 않아도 된다.

[본조신설 2022. 2. 18.]

[종전 제8조의4는 제8조의5로 이동 〈2022. 2. 18.〉]

제8조의5(맞춤형화장품조제관리사 자격시험) ① 식품의약품안전처장은 매년 1회 이상 자격시험을 실시해야 한다. 〈개정 2021. 5. 14.〉

② 식품의약품안전처장은 자격시험을 실시하려는 경우에는 시험일시, 시험장소, 시험과목, 응시방법 등이 포함된 자격시험 시행계획을 시험 실시 90일전까지 식품의약품안전처 인터넷 홈페이지에 공고해야 한다.

③ 자격시험은 필기시험으로 실시하며, 그 시험과목은 다음 각 호의 구분에 따른다.

1. 제1과목: 화장품 관련 법령 및 제도 등에 관한 사항

2. 제2과목: 화장품의 제조 및 품질관리와 원료의 사용기준 등에 관한 사항
3. 제3과목: 화장품의 유통 및 안전관리 등에 관한 사항
4. 제4과목: 맞춤형화장품의 특성 · 내용 및 관리 등에 관한 사항

④ 자격시험은 전 과목 총점의 60퍼센트 이상의 점수와 매 과목 만점의 40퍼센트 이상의 점수를 모두 득점한 사람을 합격자로 한다.

⑤ 자격시험에서 부정행위를 한 사람에 대해서는 그 시험을 정지시키거나 그 합격을 무효로 한다.

⑥ 식품의약품안전처장은 자격시험을 실시할 때마다 시험과목에 대한 전문 지식을 갖추거나 화장품에 관한 업무 경험이 풍부한 사람 중에서 시험 위원을 위촉한다. 이 경우 해당 위원에 대해서는 예산의 범위에서 수당 및 여비 등을 지급할 수 있다.

⑦ 제1항부터 제6항까지에서 규정한 사항 외에 자격시험의 실시 방법 및 절차 등에 필요한 세부 사항은 식품의약품안전처장이 정하여 고시한다.

[본조신설 2020. 3. 13.]

[제8조의4에서 이동, 종전 제8조의5는 제8조의6으로 이동 〈2022. 2. 18.〉]

제8조의6(맞춤형화장품조제관리사 자격증의 발급 신청 등) ① 자격시험에 합격하여 자격증을 발급받으려는 사람은 별지 제6호의6서식의 맞춤형화장품조제관리사 자격증 발급 신청서에 다음 각 호의 서류를 첨부하여 식품의약품안전처장에게 제출해야 한다. 〈개정 2021. 5. 14., 2022. 2. 18., 2024. 7. 9.〉

1. 법 제3조의5제1호 본문에 해당되지 않음을 증명하는 최근 6개월 이내의 의사의 진단서 또는 법 제3조의5제1호 단서에 해당하는 사람임을 증명하는 최근 6개월 이내의 전문의의 진단서
2. 법 제3조의5제3호에 해당되지 않음을 증명하는 최근 6개월 이내의 의사의 진단서

② 식품의약품안전처장은 제1항에 따른 발급 신청이 그 요건을 갖춘 경우에는 별지 제6호의7서식에 따른 맞춤형화장품조제관리사 자격증을 발급해야 한다. 〈개정 2024. 7. 9.〉

③ 자격증을 잃어버리거나 못 쓰게 된 경우에는 별지 제6호의6서식의 맞춤형화장품조제관리사 자격증 재발급 신청서에 다음 각 호의 구분에 따른 서류를 첨부하여 식품의약품안전처장에게 제출해야 한다. 〈개정 2022. 2. 18., 2024. 7. 9.〉

1. 자격증을 잃어버린 경우: 분실 사유서
2. 자격증을 못 쓰게 된 경우: 자격증 원본

④ 제1항부터 제3항까지에서 규정한 사항 외에 자격증의 발급 · 재발급 등에 필요한 세부 사항은 식품의약품안전처장이 정하여 고시한다. 〈신설 2022. 2. 18.〉

[본조신설 2020. 3. 13.]

[제8조의5에서 이동, 종전 제8조의6은 제8조의7로 이동 〈2022. 2. 18.〉]

제8조의7(시험운영기관의 지정 등) 식품의약품안전처장은 법 제3조의4제3항에 따라 시험운영기관을 지정하거나 시험운영기관에 자격시험의 관리 및

자격증 발급 · 재발급 등의 업무를 위탁한 경우에는 그 내용을 식품의약품안전처 인터넷 홈페이지에 게재해야 한다. 〈개정 2022. 2. 18.〉

[본조신설 2020. 3. 13.]

[제8조의6에서 이동 〈2022. 2. 18.〉]

제9조(기능성화장품의 심사) ① 법 제4조제1항에 따라 기능성화장품(제10조에 따라 보고서를 제출해야 하는 기능성화장품은 제외한다. 이하 이 조에서 같다)으로 인정받아 판매 등을 하려는 화장품제조업자, 화장품책임판매업자 또는 「기초연구진흥 및 기술개발지원에 관한 법률」 제6조제1항 및 제14조의2에 따른 대학 · 연구기관 · 연구소(이하 "연구기관등"이라 한다)는 품목별로 별지 제7호서식의 기능성화장품 심사의뢰서(전자문서로 된 심사의뢰서를 포함한다)에 다음 각 호의 서류(전자문서를 포함한다)를 첨부하여 식품의약품안전평가원장의 심사를 받아야 한다. 다만, 식품의약품안전처장이 제품의 효능 · 효과를 나타내는 성분 · 함량을 고시한 품목의 경우에는 제1호부터 제4호까지의 자료 제출을, 기준 및 시험방법을 고시한 품목의 경우에는 제5호의 자료 제출을 각각 생략할 수 있다. 〈개정 2013. 3. 23., 2013. 12. 6., 2019. 3. 14., 2021. 9. 10.〉

1. 기원(起源) 및 개발 경위에 관한 자료
2. 안전성에 관한 자료
   가. 단회 투여 독성시험 자료
   나. 1차 피부 자극시험 자료
   다. 안(眼)점막 자극 또는 그 밖의 점막 자극시험 자료

라. 피부 감작성(感作性: 외부 자극에 의한 면역계 반응성을 말한다. 이하 같다) 시험 자료

마. 광독성(빛에 의한 독성 반응성을 말한다. 이하 같다) 및 광감작성(빛에 의한 면역계 반응성을 말한다. 이하 같다) 시험 자료

바. 인체 첩포시험(貼布試驗: 접촉 피부염의 원인을 파악하기 위해 원인 추정 물질을 몸에 붙여 반응을 조사하는 시험을 말한다. 이하 같다) 자료

3. 유효성 또는 기능에 관한 자료

가. 효력시험 자료

나. 인체 적용시험 자료

4. 자외선 차단지수 및 자외선A 차단등급 설정의 근거자료(자외선을 차단 또는 산란시켜 자외선으로부터 피부를 보호하는 기능을 가진 화장품의 경우만 해당한다)

5. 기준 및 시험방법에 관한 자료[검체(檢體)를 포함한다]

② 삭제 〈2021. 12. 28.〉

③ 제1항에 따라 심사를 받은 사항을 변경하려는 자는 별지 제8호서식의 기능성화장품 변경심사 의뢰서에 다음 각 호의 서류를 첨부하여 식품의약품안전평가원장에게 제출해야 한다. 〈개정 2013. 3. 23., 2021. 12. 28.〉

1. 먼저 발급받은 기능성화장품심사결과통지서

2. 변경사유를 증명할 수 있는 서류(기능성화장품 심사를 받은 자 간에 법

제4조제1항에 따라 심사받은 기능성화장품에 대한 권리를 양도 · 양수하여 심사받은 자를 변경하려는 경우에는 양도 · 양수계약서를 말한다)

④ 식품의약품안전평가원장은 제1항 또는 제3항에 따라 심사의뢰서나 변경심사 의뢰서를 받은 경우에는 다음 각 호의 심사기준에 따라 심사하여야 한다. 〈개정 2013. 3. 23.〉

1. 기능성화장품의 원료와 그 분량은 효능 · 효과 등에 관한 자료에 따라 합리적이고 타당하여야 하며, 각 성분의 배합의의(配合意義)가 인정되어야 할 것
2. 기능성화장품의 효능 · 효과는 법 제2조제2호 각 목에 적합할 것
3. 기능성화장품의 용법 · 용량은 오용될 여지가 없는 명확한 표현으로 적을 것

⑤ 식품의약품안전평가원장은 제4항에 따라 심사를 한 후 심사대장에 다음 각 호의 사항을 적고, 별지 제9호서식의 기능성화장품 심사 · 변경심사 결과통지서를 발급해야 한다. 〈개정 2013. 3. 23., 2019. 3. 14., 2021. 12. 28.〉

1. 심사번호 및 심사연월일 또는 변경심사 연월일
2. 기능성화장품 심사를 받은 화장품제조업자, 화장품책임판매업자 또는 연구기관등의 상호(법인인 경우에는 법인의 명칭) 및 소재지
3. 제품명
4. 효능 · 효과

⑥ 제1항부터 제4항까지의 규정에 따른 첨부자료의 범위 · 요건 · 작성요

령과 제출이 면제되는 범위 및 심사기준 등에 관한 세부 사항은 식품의약품안전처장이 정하여 고시한다. 〈개정 2013. 3. 23., 2013. 12. 6.〉

제10조(보고서 제출 대상 등) ① 법 제4조제1항에 따라 기능성화장품의 심사를 받지 아니하고 식품의약품안전평가원장에게 보고서를 제출하여야 하는 대상은 다음 각 호와 같다. 〈개정 2013. 3. 23., 2013. 12. 6., 2017. 7. 31., 2019. 3. 14., 2019. 12. 12.〉

1. 효능 · 효과가 나타나게 하는 성분의 종류 · 함량, 효능 · 효과, 용법 · 용량, 기준 및 시험방법이 식품의약품안전처장이 고시한 품목과 같은 기능성화장품
2. 이미 심사를 받은 기능성화장품[화장품제조업자(화장품제조업자가 제품을 설계 · 개발 · 생산하는 방식으로 제조한 경우만 해당한다)가 같거나 화장품책임판매업자가 같은 경우 또는 제9조제1항에 따라 기능성화장품으로 심사받은 연구기관등이 같은 기능성화장품만 해당한다. 이하 제3호에서 같다]과 다음 각 목의 사항이 모두 같은 품목. 다만, 제2조제1호부터 제3호까지 및 같은 조 제8호부터 제11호까지의 기능성화장품은 이미 심사를 받은 품목이 대조군(對照群)(효능 · 효과가 나타나게 하는 성분을 제외한 것을 말한다)과의 비교실험을 통하여 효능이 입증된 경우만 해당한다.
   가. 효능 · 효과가 나타나게 하는 원료의 종류 · 규격 및 함량(액체상태인 경우에는 농도를 말한다)
   나. 효능 · 효과(제2조제4호 및 제5호의 기능성화장품의 경우 자외선

차단지수의 측정값이 마이너스 20퍼센트 이하의 범위에 있는 경우에는 같은 효능 · 효과로 본다)

다. 기준[산성도(pH)에 관한 기준은 제외한다] 및 시험방법

라. 용법 · 용량

마. 제형(劑形)[제2조제1호부터 제3호까지 및 같은 조 제6호부터 제11호까지의 기능성화장품의 경우에는 액제(Solution), 로션제(Lotion) 및 크림제(Cream)를 같은 제형으로 본다]

3. 이미 심사를 받은 기능성화장품 및 식품의약품안전처장이 고시한 기능성화장품과 비교하여 다음 각 목의 사항이 모두 같은 품목(이미 심사를 받은 제2조제4호 및 제5호의 기능성화장품으로서 그 효능 · 효과를 나타나게 하는 성분 · 함량과 식품의약품안전처장이 고시한 제2조제1호부터 제3호까지의 기능성화장품으로서 그 효능 · 효과를 나타나게 하는 성분 · 함량이 서로 혼합된 품목만 해당한다)

가. 효능 · 효과를 나타나게 하는 원료의 종류 · 규격 및 함량

나. 효능 · 효과(제2조제4호 및 제5호에 따른 효능 · 효과의 경우 자외선차단지수의 측정값이 마이너스 20퍼센트 이하의 범위에 있는 경우에는 같은 효능 · 효과로 본다)

다. 기준[산성도(pH)에 관한 기준은 제외한다] 및 시험방법

라. 용법 · 용량

마. 제형

② 기능성화장품으로 인정받아 판매 등을 하려는 화장품제조업자, 화장품

책임판매업자 또는 연구기관등은 제1항에 따라 품목별로 별지 제10호 서식의 기능성화장품 심사 제외 품목 보고서(전자문서로 된 보고서를 포함한다)를 식품의약품안전평가원장에게 제출해야 한다. 〈개정 2013. 3. 23., 2019. 3. 14.〉

③ 제2항에 따라 보고서를 받은 식품의약품안전평가원장은 제1항에 따른 요건을 확인한 후 다음 각 호의 사항을 기능성화장품의 보고대장에 적어야 한다. 〈개정 2013. 3. 23., 2019. 3. 14.〉

1. 보고번호 및 보고연월일
2. 화장품제조업자, 화장품책임판매업자 또는 연구기관등의 상호(법인인 경우에는 법인의 명칭) 및 소재지
3. 제품명
4. 효능 · 효과

제10조의2(영유아 또는 어린이 사용 화장품의 표시 · 광고) ① 법 제4조의2제1항에 따른 영유아 또는 어린이의 연령 기준은 다음 각 호의 구분에 따른다. 〈개정 2024. 7. 9.〉

1. 영유아: 3세 이하
2. 어린이: 4세 이상 13세 이하

② 화장품책임판매업자가 법 제4조의2제1항 각 호에 따른 자료(이하 "제품별 안전성 자료"라 한다)를 작성 · 보관해야 하는 표시 · 광고의 범위는 다음 각 호의 구분에 따른다.

1. 표시의 경우: 화장품의 1차 포장 또는 2차 포장에 영유아 또는 어린이

가 사용할 수 있는 화장품임을 특정하여 표시하는 경우(화장품의 명칭에 영유아 또는 어린이에 관한 표현이 표시되는 경우를 포함한다)

2. 광고의 경우: 별표 5 제1호가목부터 바목까지(어린이 사용 화장품의 경우에는 바목을 제외한다)의 규정에 따른 매체 · 수단 또는 해당 매체 · 수단과 유사하다고 식품의약품안전처장이 정하여 고시하는 매체 · 수단에 영유아 또는 어린이가 사용할 수 있는 화장품임을 특정하여 광고하는 경우

[본조신설 2020. 1. 22.]

제10조의3(제품별 안전성 자료의 작성 · 보관) ① 법 제4조의2제1항 및 이 규칙 제10조의2제2항에 따라 화장품의 표시 · 광고를 하려는 화장품책임판매업자는 법 제4조의2제1항제1호부터 제3호까지의 규정에 따른 제품별 안전성 자료 모두를 미리 작성해야 한다.

② 제품별 안전성 자료의 보관기간은 다음 각 호의 구분에 따른다.

1. 화장품의 1차 포장에 사용기한을 표시하는 경우: 영유아 또는 어린이가 사용할 수 있는 화장품임을 표시 · 광고한 날부터 마지막으로 제조 · 수입된 제품의 사용기한 만료일 이후 1년까지의 기간. 이 경우 제조는 화장품의 제조번호에 따른 제조일자를 기준으로 하며, 수입은 통관일자를 기준으로 한다.
2. 화장품의 1차 포장에 개봉 후 사용기간을 표시하는 경우: 영유아 또는 어린이가 사용할 수 있는 화장품임을 표시 · 광고한 날부터 마지막으로 제조 · 수입된 제품의 제조연월일 이후 3년까지의 기간. 이 경우 제조는

화장품의 제조번호에 따른 제조일자를 기준으로 하며, 수입은 통관일자를 기준으로 한다.

③ 제1항 및 제2항에서 규정한 사항 외에 제품별 안전성 자료의 작성 · 보관의 방법 및 절차 등에 필요한 세부 사항은 식품의약품안전처장이 정하여 고시한다.

[본조신설 2020. 1. 22.]

제10조의4(실태조사의 실시) ① 식품의약품안전처장은 법 제4조의2제2항에 따른 실태조사(이하 "실태조사"라 한다)를 5년마다 실시한다.

② 실태조사에는 다음 각 호의 사항이 포함되어야 한다.

1. 제품별 안전성 자료의 작성 및 보관 현황
2. 소비자의 사용실태
3. 사용 후 이상사례의 현황 및 조치 결과
4. 영유아 또는 어린이 사용 화장품에 대한 표시 · 광고의 현황 및 추세
5. 영유아 또는 어린이 사용 화장품의 유통 현황 및 추세
6. 그 밖에 제1호부터 제5호까지의 사항과 유사한 것으로서 식품의약품안전처장이 필요하다고 인정하는 사항

③ 식품의약품안전처장은 실태조사를 위해 필요하다고 인정하는 경우에는 관계 행정기관, 공공기관, 법인 · 단체 또는 전문가 등에게 필요한 의견 또는 자료의 제출 등을 요청할 수 있다.

④ 식품의약품안전처장은 실태조사의 효율적 실시를 위해 필요하다고 인정하는 경우에는 화장품 관련 연구기관 또는 법인 · 단체 등에 실태조

사를 의뢰하여 실시할 수 있다.

⑤ 제1항부터 제4항까지에서 규정한 사항 외에 실태조사의 대상, 방법 및 절차 등에 필요한 세부 사항은 식품의약품안전처장이 정한다.

[본조신설 2020. 1. 22.]

제10조의5(위해요소 저감화계획의 수립) ① 법 제4조의2제2항에 따른 위해요소의 저감화를 위한 계획(이하 "위해요소 저감화계획"이라 한다)에는 다음 각 호의 사항이 포함되어야 한다.

1. 위해요소 저감화를 위한 기본 방향과 목표
2. 위해요소 저감화를 위한 단기별 및 중장기별 추진 정책
3. 위해요소 저감화 추진을 위한 환경 여건 및 관련 정책의 평가
4. 위해요소 저감화 추진을 위한 조직 및 재원 등에 관한 사항
5. 그 밖에 제1호부터 제4호까지의 사항과 유사한 것으로서 위해요소 저감화를 위해 식품의약품안전처장이 필요하다고 인정하는 사항

② 식품의약품안전처장은 위해요소 저감화계획을 수립하는 경우에는 실태조사에 대한 분석 및 평가 결과를 반영해야 한다.

③ 식품의약품안전처장은 위해요소 저감화계획의 수립을 위해 필요하다고 인정하는 경우에는 관계 행정기관, 공공기관, 법인·단체 또는 전문가 등에게 필요한 의견 또는 자료의 제출 등을 요청할 수 있다.

④ 식품의약품안전처장은 위해요소 저감화계획을 수립한 경우에는 그 내용을 식품의약품안전처 인터넷 홈페이지에 공개해야 한다.

⑤ 제1항부터 제4항까지에서 규정한 사항 외에 위해요소 저감화계획의 수

립 대상, 방법 및 절차 등에 필요한 세부 사항은 식품의약품안전처장이 정한다.

[본조신설 2020. 1. 22.]

제11조(화장품제조업자의 준수사항 등) ① 법 제5조제1항에 따라 화장품 제조업자가 준수하여야 할 사항은 다음 각 호와 같다. 〈개정 2019. 3. 14.〉

1. 별표 1의 품질관리기준에 따른 화장품책임판매업자의 지도 · 감독 및 요청에 따를 것
2. 제조관리기준서 · 제품표준서 · 제조관리기록서 및 품질관리기록서(전자문서 형식을 포함한다)를 작성 · 보관할 것
3. 보건위생상 위해(危害)가 없도록 제조소, 시설 및 기구를 위생적으로 관리하고 오염되지 아니하도록 할 것
4. 화장품의 제조에 필요한 시설 및 기구에 대하여 정기적으로 점검하여 작업에 지장이 없도록 관리 · 유지할 것
5. 작업소에는 위해가 발생할 염려가 있는 물건을 두어서는 아니 되며, 작업소에서 국민보건 및 환경에 유해한 물질이 유출되거나 방출되지 아니하도록 할 것
6. 제2호의 사항 중 품질관리를 위하여 필요한 사항을 화장품책임판매업자에게 제출할 것. 다만, 다음 각 목의 어느 하나에 해당하는 경우 제출하지 아니할 수 있다.

   가. 화장품제조업자와 화장품책임판매업자가 동일한 경우

   나. 화장품제조업자가 제품을 설계 · 개발 · 생산하는 방식으로 제조하

는 경우로서 품질 · 안전관리에 영향이 없는 범위에서 화장품제조업자와 화장품책임판매업자 상호 계약에 따라 영업비밀에 해당하는 경우

7. 원료 및 자재의 입고부터 완제품의 출고에 이르기까지 필요한 시험 · 검사 또는 검정을 할 것
8. 제조 또는 품질검사를 위탁하는 경우 제조 또는 품질검사가 적절하게 이루어지고 있는지 수탁자에 대한 관리 · 감독을 철저히 하고, 제조 및 품질관리에 관한 기록을 받아 유지 · 관리할 것

② 식품의약품안전처장은 제1항에 따른 준수사항 외에 식품의약품안전처장이 정하여 고시하는 우수화장품 제조관리기준을 준수하도록 제조업자에게 권장할 수 있다. 〈개정 2013. 3. 23.〉

③ 식품의약품안전처장은 제2항에 따라 우수화장품 제조관리기준을 준수하는 제조업자에게 다음 각 호의 사항을 지원할 수 있다. 〈신설 2014. 9. 24.〉

1. 우수화장품 제조관리기준 적용에 관한 전문적 기술과 교육
2. 우수화장품 제조관리기준 적용을 위한 자문
3. 우수화장품 제조관리기준 적용을 위한 시설 · 설비 등 개수 · 보수

[제목개정 2019. 3. 14.]

[제12조에서 이동, 종전 제11조는 제12조로 이동 〈2020. 3. 13.〉]

제12조(화장품책임판매업자의 준수사항) 법 제5조제2항에 따라 화장품책임판매업자가 준수해야 할 사항은 다음 각 호(영 제2조제2호라목의 화장품책임

판매업을 등록한 자는 제1호, 제2호, 제4호가목 · 다목 · 사목 · 차목 및 제10호만 해당한다)와 같다. 〈개정 2013. 3. 23., 2013. 12. 6., 2015. 4. 2., 2019. 3. 14., 2020. 3. 13.〉

1. 별표 1의 품질관리기준을 준수할 것
2. 별표 2의 책임판매 후 안전관리기준을 준수할 것
3. 제조업자로부터 받은 제품표준서 및 품질관리기록서(전자문서 형식을 포함한다)를 보관할 것
4. 수입한 화장품에 대하여 다음 각 목의 사항을 적거나 또는 첨부한 수입관리기록서를 작성 · 보관할 것

가. 제품명 또는 국내에서 판매하려는 명칭

나. 원료성분의 규격 및 함량

다. 제조국, 제조회사명 및 제조회사의 소재지

라. 기능성화장품심사결과통지서 사본

마. 제조 및 판매증명서. 다만, 「대외무역법」 제12조제2항에 따른 통합공고상의 수출입 요건 확인기관에서 제조 및 판매증명서를 갖춘 화장품책임판매업자가 수입한 화장품과 같다는 것을 확인받고, 제6조제2항제2호가목, 다목 또는 라목의 기관으로부터 화장품책임판매업자가 정한 품질관리기준에 따른 검사를 받아 그 시험성적서를 갖추어 둔 경우에는 이를 생략할 수 있다.

바. 한글로 작성된 제품설명서 견본

사. 최초 수입연월일(통관연월일을 말한다. 이하 이 호에서 같다)

아. 제조번호별 수입연월일 및 수입량

자. 제조번호별 품질검사 연월일 및 결과

차. 판매처, 판매연월일 및 판매량

5. 제조번호별로 품질검사를 철저히 한 후 유통시킬 것. 다만, 화장품제조업자와 화장품책임판매업자가 같은 경우 또는 제6조제2항제2호 각 목의 어느 하나에 해당하는 기관 등에 품질검사를 위탁하여 제조번호별 품질검사결과가 있는 경우에는 품질검사를 하지 아니할 수 있다.
6. 화장품의 제조를 위탁하거나 제6조제2항제2호나목에 따른 제조업자에게 품질검사를 위탁하는 경우 제조 또는 품질검사가 적절하게 이루어지고 있는지 수탁자에 대한 관리 · 감독을 철저히 하여야 하며, 제조 및 품질관리에 관한 기록을 받아 유지 · 관리하고, 그 최종 제품의 품질관리를 철저히 할 것
7. 제5호에도 불구하고 영 제2조제2호다목의 화장품책임판매업을 등록한 자는 제조국 제조회사의 품질관리기준이 국가 간 상호 인증되었거나, 제11조제2항에 따라 식품의약품안전처장이 고시하는 우수화장품 제조관리기준과 같은 수준 이상이라고 인정되는 경우에는 국내에서의 품질검사를 하지 아니할 수 있다. 이 경우 제조국 제조회사의 품질검사 시험성적서는 품질관리기록서를 갈음한다.
8. 제7호에 따라 영 제2조제2호다목의 화장품책임판매업을 등록한 자가 수입화장품에 대한 품질검사를 하지 아니하려는 경우에는 식품의약품안전처장이 정하는 바에 따라 식품의약품안전처장에게 수입화장품의

제조업자에 대한 현지실사를 신청하여야 한다. 현지실사에 필요한 신청절차, 제출서류 및 평가방법 등에 대하여는 식품의약품안전처장이 정하여 고시한다.

8의2. 제7호에 따른 인정을 받은 수입 화장품 제조회사의 품질관리기준이 제11조제2항에 따른 우수화장품 제조관리기준과 같은 수준 이상이라고 인정되지 아니하여 제7호에 따른 인정이 취소된 경우에는 제5호 본문에 따른 품질검사를 하여야 한다. 이 경우 인정 취소와 관련하여 필요한 세부적인 사항은 식품의약품안전처장이 정하여 고시한다.

9. 영 제2조제2호다목의 화장품책임판매업을 등록한 자의 경우 「대외무역법」에 따른 수출 · 수입요령을 준수하여야 하며, 「전자무역 촉진에 관한 법률」에 따른 전자무역문서로 표준통관예정보고를 할 것

10. 제품과 관련하여 국민보건에 직접 영향을 미칠 수 있는 안전성 · 유효성에 관한 새로운 자료, 정보사항(화장품 사용에 의한 부작용 발생사례를 포함한다) 등을 알게 되었을 때에는 식품의약품안전처장이 정하여 고시하는 바에 따라 보고하고, 필요한 안전대책을 마련할 것

11. 다음 각 목의 어느 하나에 해당하는 성분을 0.5퍼센트 이상 함유하는 제품의 경우에는 해당 품목의 안정성시험 자료를 최종 제조된 제품의 사용기한이 만료되는 날부터 1년간 보존할 것

가. 레티놀(비타민A) 및 그 유도체

나. 아스코빅애시드(비타민C) 및 그 유도체

다. 토코페롤(비타민E)

라. 과산화화합물

마. 효소

[제목개정 2019. 3. 14.]

[제11조에서 이동, 종전 제12조는 제11조로 이동 〈2020. 3. 13.〉]

제12조의2(맞춤형화장품판매업자의 준수사항) 법 제5조제4항에 따라 맞춤형화장품판매업자가 준수해야 할 사항은 다음 각 호와 같다. 〈개정 2022. 2. 18.〉

1. 맞춤형화장품 판매장 시설 · 기구를 정기적으로 점검하여 보건위생상 위해가 없도록 관리할 것
2. 다음 각 목의 혼합 · 소분 안전관리기준을 준수할 것

가. 혼합 · 소분 전에 혼합 · 소분에 사용되는 내용물 또는 원료에 대한 품질성적서를 확인할 것

나. 혼합 · 소분 전에 손을 소독하거나 세정할 것. 다만, 혼합 · 소분 시 일회용 장갑을 착용하는 경우에는 그렇지 않다.

다. 혼합 · 소분 전에 혼합 · 소분된 제품을 담을 포장용기의 오염 여부를 확인할 것

라. 혼합 · 소분에 사용되는 장비 또는 기구 등은 사용 전에 그 위생 상태를 점검하고, 사용 후에는 오염이 없도록 세척할 것

마. 그 밖에 가목부터 라목까지의 사항과 유사한 것으로서 혼합 · 소분의 안전을 위해 식품의약품안전처장이 정하여 고시하는 사항을 준

수할 것

3. 다음 각 목의 사항이 포함된 맞춤형화장품 판매내역서(전자문서로 된 판매내역서를 포함한다)를 작성 · 보관할 것

   가. 제조번호

   나. 사용기한 또는 개봉 후 사용기간

   다. 판매일자 및 판매량

4. 맞춤형화장품 판매 시 다음 각 목의 사항을 소비자에게 설명할 것

   가. 혼합 · 소분에 사용된 내용물 · 원료의 내용 및 특성

   나. 맞춤형화장품 사용 시의 주의사항

5. 맞춤형화장품 사용과 관련된 부작용 발생사례에 대해서는 식품의약품안전처장이 정하여 고시하는 바에 따라 식품의약품안전처장에게 보고할 것

[본조신설 2020. 3. 13.]

제13조(화장품의 생산실적 등 보고) ① 법 제5조제5항 전단에 따라 화장품책임판매업자는 지난해의 생산실적 또는 수입실적을 매년 2월 말까지 식품의약품안전처장이 정하여 고시하는 바에 따라 대한화장품협회 등 법 제17조에 따라 설립된 화장품업 단체(「약사법」 제67조에 따라 조직된 한국의약품수출입협회를 포함한다)를 통하여 식품의약품안전처장에게 보고해야 한다. 〈개정 2013. 3. 23., 2018. 12. 31., 2019. 3. 14., 2020. 3. 13., 2022. 2. 18., 2024. 7. 9.〉

② 법 제5조제5항 후단에 따라 화장품책임판매업자는 화장품의 제조과정

에 사용된 원료의 목록을 화장품의 유통 · 판매 전까지 보고해야 한다. 보고한 목록이 변경된 경우에도 또한 같다. 〈신설 2019. 3. 14., 2022. 2. 18.〉

③ 제1항 및 제2항에도 불구하고 「전자무역 촉진에 관한 법률」에 따라 전자무역문서로 표준통관예정보고를 하고 수입하는 화장품책임판매업자는 제1항 및 제2항에 따라 수입실적 및 원료의 목록을 보고하지 아니할 수 있다. 〈개정 2019. 3. 14.〉

④ 법 제5조제6항에 따라 맞춤형화장품판매업자는 전년도에 판매한 맞춤형화장품에 사용된 원료의 목록을 매년 2월 말까지 식품의약품안전처장이 정하여 고시하는 바에 따라 법 제17조에 따라 설립된 화장품업 단체를 통하여 식품의약품안전처장에게 보고해야 한다. 〈신설 2022. 2. 18.〉

제14조(책임판매관리자 등의 교육) ① 책임판매관리자 및 맞춤형화장품조제관리사는 법 제5조제7항에 따른 교육을 다음 각 호의 구분에 따라 받아야 한다. 〈신설 2021. 5. 14., 2022. 2. 18.〉

1. 최초 교육: 종사한 날부터 6개월 이내. 다만, 자격시험에 합격한 날이 종사한 날 이전 1년 이내이면 최초 교육을 받은 것으로 본다.
2. 보수 교육: 제1호에 따라 교육을 받은 날을 기준으로 매년 1회. 다만, 제1호 단서에 해당하는 경우에는 자격시험에 합격한 날부터 1년이 되는 날을 기준으로 매년 1회

② 법 제5조제8항에 따른 교육명령의 대상은 다음 각 호의 어느 하나에

해당하는 화장품제조업자, 화장품책임판매업자 및 맞춤형화장품판매업자(이하 "영업자"라 한다)로 한다. 〈개정 2016. 9. 9., 2019. 3. 14., 2020. 3. 13., 2021. 5. 14., 2022. 2. 18.〉

1. 법 제15조를 위반한 영업자
2. 법 제19조에 따른 시정명령을 받은 영업자
3. 제11조제1항의 준수사항을 위반한 화장품제조업자
4. 제12조의 준수사항을 위반한 화장품책임판매업자
5. 제12조의2의 준수사항을 위반한 맞춤형화장품판매업자

③ 식품의약품안전처장은 제2항에 따른 교육명령 대상자가 천재지변, 질병, 임신, 출산, 사고 및 출장 등의 사유로 교육을 받을 수 없는 경우에는 해당 교육을 유예할 수 있다. 〈개정 2021. 5. 14.〉

④ 제3항에 따라 교육의 유예를 받으려는 사람은 식품의약품안전처장이 정하는 교육유예신청서에 이를 입증하는 서류를 첨부하여 지방식품의약품안전청장에게 제출하여야 한다. 〈개정 2021. 5. 14.〉

⑤ 지방식품의약품안전청장은 제4항에 따라 제출된 교육유예신청서를 검토하여 식품의약품안전처장이 정하는 교육유예확인서를 발급하여야 한다. 〈개정 2021. 5. 14.〉

⑥ 법 제5조제9항에서 "총리령으로 정하는 자"는 다음 각 호의 어느 하나에 해당하는 자를 말한다. 〈신설 2016. 9. 9., 2019. 3. 14., 2020. 3. 13., 2021. 5. 14., 2022. 2. 18.〉

1. 책임판매관리자

1의2. 맞춤형화장품조제관리사

2. 별표 1의 품질관리기준에 따라 품질관리 업무에 종사하는 종업원

⑦ 법 제5조제10항에 따른 교육의 실시기관(이하 이 조에서 "교육실시기관"이라 한다)은 화장품과 관련된 기관 · 단체 및 법 제17조에 따라 설립된 단체 중에서 식품의약품안전처장이 지정하여 고시한다. 〈개정 2016. 9. 9., 2019. 3. 14., 2021. 5. 14., 2022. 2. 18.〉

⑧ 교육실시기관은 매년 교육의 대상, 내용 및 시간을 포함한 교육계획을 수립하여 교육을 시행할 해의 전년도 11월 30일까지 식품의약품안전처장에게 제출하여야 한다. 〈개정 2016. 9. 9., 2021. 5. 14.〉

⑨ 제8항에 따른 교육시간은 4시간 이상, 8시간 이하로 한다. 〈개정 2016. 9. 9., 2021. 5. 14.〉

⑩ 제8항에 따른 교육 내용은 화장품 관련 법령 및 제도에 관한 사항, 화장품의 안전성 확보 및 품질관리에 관한 사항 등으로 하며, 교육 내용에 관한 세부 사항은 식품의약품안전처장의 승인을 받아야 한다. 〈개정 2016. 9. 9., 2021. 5. 14.〉

⑪ 교육실시기관은 교육을 수료한 사람에게 수료증을 발급하고 매년 1월 31일까지 전년도 교육 실적을 식품의약품안전처장에게 보고하며, 교육 실시기간, 교육대상자 명부, 교육 내용 등 교육에 관한 기록을 작성하여 이를 증명할 수 있는 자료와 함께 2년간 보관하여야 한다. 〈개정 2016. 9. 9., 2021. 5. 14.〉

⑫ 교육실시기관은 교재비 · 실습비 및 강사 수당 등 교육에 필요한 실

비를 교육대상자로부터 징수할 수 있다. 〈개정 2016. 9. 9., 2021. 5. 14.〉

⑬ 제1항부터 제12항까지에서 규정한 사항 외에 교육실시기관 지정의 기준 · 절차 · 변경 및 교육 운영 등에 필요한 세부 사항은 식품의약품안전처장이 정하여 고시한다. 〈개정 2016. 9. 9., 2021. 5. 14.〉

[전문개정 2015. 1. 6.]

[제목개정 2021. 5. 14.]

제14조의2(회수 대상 화장품의 기준 및 위해성 등급 등) ① 법 제5조의2제1항에 따른 회수 대상 화장품(이하 "회수대상화장품"이라 한다)은 유통 중인 화장품으로서 다음 각 호의 어느 하나에 해당하는 화장품으로 한다. 〈개정 2019. 3. 14., 2019. 12. 12., 2020. 1. 22., 2020. 3. 13., 2022. 2. 18.〉

1. 법 제9조에 위반되는 화장품
2. 법 제15조에 위반되는 화장품으로서 다음 각 목의 어느 하나에 해당하는 화장품
   가. 법 제15조제2호 또는 제3호에 해당하는 화장품
   나. 법 제15조제4호에 해당하는 화장품 중 보건위생상 위해를 발생할 우려가 있는 화장품
   다. 법 제15조제5호에 해당하는 화장품 중 다음의 어느 하나에 해당하는 화장품
      1) 법 제8조제1항 또는 제2항에 따른 화장품에 사용할 수 없는 원료를 사용한 화장품

2) 법 제8조제8항에 따른 유통화장품 안전관리 기준(내용량의 기준에 관한 부분은 제외한다)에 적합하지 아니한 화장품

라. 법 제15조제9호에 해당하는 화장품

마. 법 제15조제10호에 해당하는 화장품

바. 그 밖에 영업자 스스로 국민보건에 위해를 끼칠 우려가 있어 회수가 필요하다고 판단한 화장품

3. 법 제16조제1항에 위반되는 화장품

② 법 제5조의2제4항에 따른 회수대상화장품의 위해성 등급은 그 위해성이 높은 순서에 따라 가등급, 나등급 및 다등급으로 구분하며, 해당 위해성 등급의 분류기준은 다음 각 호의 구분에 따른다. 〈신설 2019. 12. 12., 2022. 2. 18.〉

1. 위해성 등급이 가등급인 화장품: 제1항제2호다목1)에 해당하는 화장품
2. 위해성 등급이 나등급인 화장품: 제1항제1호 또는 같은 항 제2호다목2)(기능성화장품의 기능성을 나타나게 하는 주원료 함량이 기준치에 부적합한 경우는 제외한다) · 마목에 해당하는 화장품
3. 위해성 등급이 다등급인 화장품: 제1항제2호가목 · 나목 · 다목2)(기능성화장품의 기능성을 나타나게 하는 주원료 함량이 기준치에 부적합한 경우만 해당한다) · 라목 · 바목 또는 같은 항 제3호에 해당하는 화장품

[본조신설 2015. 7. 29.]

[제목개정 2019. 12. 12.]

제14조의3(위해화장품의 회수계획 및 회수절차 등) ① 법 제5조의2제1항에

따라 화장품을 회수하거나 회수하는 데에 필요한 조치를 하려는 영업자(이하 "회수의무자"라 한다)는 해당 화장품에 대하여 즉시 판매중지 등의 필요한 조치를 하여야 하고, 회수대상화장품이라는 사실을 안 날부터 5일 이내에 별지 제10호의2서식의 회수계획서에 다음 각 호의 서류를 첨부하여 지방식품의약품안전청장에게 제출하여야 한다. 다만, 제출기한까지 회수계획서의 제출이 곤란하다고 판단되는 경우에는 지방식품의약품안전청장에게 그 사유를 밝히고 제출기한 연장을 요청하여야 한다. 〈개정 2019. 3. 14., 2020. 3. 13.〉

1. 해당 품목의 제조 · 수입기록서 사본
2. 판매처별 판매량 · 판매일 등의 기록
3. 회수 사유를 적은 서류

② 회수의무자가 제1항 본문에 따라 회수계획서를 제출하는 경우에는 다음 각 호의 구분에 따른 범위에서 회수 기간을 기재해야 한다. 다만, 회수 기간 이내에 회수하기가 곤란하다고 판단되는 경우에는 지방식품의약품안전청장에게 그 사유를 밝히고 회수 기간 연장을 요청할 수 있다. 〈신설 2019. 12. 12.〉

1. 위해성 등급이 가등급인 화장품: 회수를 시작한 날부터 15일 이내
2. 위해성 등급이 나등급 또는 다등급인 화장품: 회수를 시작한 날부터 30일 이내

③ 지방식품의약품안전청장은 제1항에 따라 제출된 회수계획이 미흡하다고 판단되는 경우에는 해당 회수의무자에게 그 회수계획의 보완을 명할 수 있다. 〈개정 2019. 12. 12.〉

④ 회수의무자는 회수대상화장품의 판매자(법 제11조제1항에 따른 판매자를 말한다), 그 밖에 해당 화장품을 업무상 취급하는 자에게 방문, 우편, 전화, 전보, 전자우편, 팩스 또는 언론매체를 통한 공고 등을 통하여 회수계획을 통보하여야 하며, 통보 사실을 입증할 수 있는 자료를 회수종료일부터 2년간 보관하여야 한다. 〈개정 2019. 12. 12.〉

⑤ 제4항에 따라 회수계획을 통보받은 자는 회수대상화장품을 회수의무자에게 반품하고, 별지 제10호의3서식의 회수확인서를 작성하여 회수의무자에게 송부하여야 한다. 〈개정 2019. 12. 12.〉

⑥ 회수의무자는 회수한 화장품을 폐기하려는 경우에는 별지 제10호의4서식의 폐기신청서에 다음 각 호의 서류를 첨부하여 지방식품의약품안전청장에게 제출하고, 관계 공무원의 참관 하에 환경 관련 법령에서 정하는 바에 따라 폐기하여야 한다. 〈개정 2019. 12. 12.〉

1. 별지 제10호의2서식의 회수계획서 사본
2. 별지 제10호의3서식의 회수확인서 사본

⑦ 제6항에 따라 폐기를 한 회수의무자는 별지 제10호의5서식의 폐기확인서를 작성하여 2년간 보관하여야 한다. 〈개정 2019. 12. 12.〉

⑧ 회수의무자는 회수대상화장품의 회수를 완료한 경우에는 별지 제10호의6서식의 회수종료신고서에 다음 각 호의 서류를 첨부하여 지방식품의약품안전청장에게 제출하여야 한다. 〈개정 2019. 12. 12.〉

1. 별지 제10호의3서식의 회수확인서 사본
2. 별지 제10호의5서식의 폐기확인서 사본(폐기한 경우에만 해당한다)

3. 별지 제10호의7서식의 평가보고서 사본

⑨ 지방식품의약품안전청장은 제8항에 따라 회수종료신고서를 받으면 다음 각 호에서 정하는 바에 따라 조치하여야 한다. 〈개정 2019. 12. 12.〉

1. 회수계획서에 따라 회수대상화장품의 회수를 적절하게 이행하였다고 판단되는 경우에는 회수가 종료되었음을 확인하고 회수의무자에게 이를 서면으로 통보할 것

2. 회수가 효과적으로 이루어지지 아니하였다고 판단되는 경우에는 회수의무자에게 회수에 필요한 추가 조치를 명할 것

[본조신설 2015. 7. 29.]

제14조의4(행정처분의 감경 또는 면제) 법 제5조의2제3항에 따라 법 제24조에 따른 행정처분을 감경 또는 면제하는 경우 그 기준은 다음 각 호의 구분에 따른다.

1. 법 제5조의2제2항의 회수계획에 따른 회수계획량(이하 이 조에서 "회수계획량"이라 한다)의 5분의 4 이상을 회수한 경우: 그 위반행위에 대한 행정처분을 면제

2. 회수계획량 중 일부를 회수한 경우: 다음 각 목의 어느 하나에 해당하는 기준에 따라 행정처분을 경감

가. 회수계획량의 3분의 1 이상을 회수한 경우(제1호의 경우는 제외한다)

1) 법 제24조제2항에 따른 행정처분의 기준(이하 이 호에서 "행정처분기준"이라 한다)이 등록취소인 경우에는 업무정지 2개월 이상 6개

월 이하의 범위에서 처분

2) 행정처분기준이 업무정지 또는 품목의 제조 · 수입 · 판매 업무정지 인 경우에는 정지처분기간의 3분의 2 이하의 범위에서 경감

나. 회수계획량의 4분의 1 이상 3분의 1 미만을 회수한 경우

1) 행정처분기준이 등록취소인 경우에는 업무정지 3개월 이상 6개월 이하의 범위에서 처분

2) 행정처분기준이 업무정지 또는 품목의 제조 · 수입 · 판매 업무정지 인 경우에는 정지처분기간의 2분의 1 이하의 범위에서 경감

[본조신설 2015. 7. 29.]

제15조(폐업 등의 신고) ① 법 제6조에 따라 영업자가 폐업 또는 휴업하거나 휴업 후 그 업을 재개하려는 경우에는 별지 제11호서식의 폐업, 휴업 또는 재개 신고서(전자문서로 된 신고서를 포함한다)에 화장품제조업 등록필증, 화장품책임판매업 등록필증 또는 맞춤형화장품판매업 신고필증(폐업 또는 휴업만 해당한다)을 첨부하여 지방식품의약품안전청장에게 제출해야 한다. 〈개정 2019. 12. 12., 2020. 3. 13.〉

② 제1항에 따라 폐업 또는 휴업신고를 하려는 자가 「부가가치세법」 제8조제7항에 따른 폐업 또는 휴업신고를 같이 하려는 경우에는 제1항에 따른 폐업 · 휴업신고서와 「부가가치세법 시행규칙」 별지 제9호서식의 신고서를 함께 제출해야 한다. 이 경우 지방식품의약품안전청장은 함께 제출받은 신고서를 지체 없이 관할 세무서장에게 송부(정보통신망을 이용한 송부를 포함한다. 이하 이 조에서 같다)해야 한다. 〈신설

2018. 12. 31., 2020. 3. 13.〉

③ 관할 세무서장은 「부가가치세법 시행령」 제13조제5항에 따라 제1항에 따른 폐업 · 휴업신고서를 함께 제출받은 경우 이를 지체 없이 지방식품의약품안전청장에게 송부해야 한다. 〈신설 2018. 12. 31.〉

④ 관할 세무서장이 「부가가치세법 시행령」 제13조제5항에 따라 제1항에 따른 폐업신고를 받아 이를 지방식품의약품안전청장에게 송부한 경우에는 제1항에 따른 폐업신고서가 제출된 것으로 본다. 〈신설 2024. 7. 9.〉

⑤ 지방식품의약품안전청장은 법 제6조제2항에 따라 화장품제조업자 또는 화장품책임판매업자의 등록을 취소하려는 경우에는 그 사실을 해당 화장품제조업자 또는 화장품책임판매업자에게 사전에 통지하고, 그 지방식품의약품안전청의 인터넷 홈페이지에 10일 이상 예고해야 한다. 〈신설 2024. 7. 9.〉

[전문개정 2019. 12. 12.]

제16조 삭제 〈2019. 3. 14.〉

제17조(화장품 원료 등의 위해평가) ① 법 제8조제3항에 따른 위해평가는 다음 각 호의 확인 · 결정 · 평가 등의 과정을 거쳐 실시한다.

1. 위해요소의 인체 내 독성을 확인하는 위험성 확인과정
2. 위해요소의 인체노출 허용량을 산출하는 위험성 결정과정
3. 위해요소가 인체에 노출된 양을 산출하는 노출평가과정
4. 제1호부터 제3호까지의 결과를 종합하여 인체에 미치는 위해 영향을

판단하는 위해도 결정과정

② 식품의약품안전처장은 제1항에 따른 결과를 근거로 식품의약품안전처장이 정하는 기준에 따라 위해 여부를 결정한다. 다만, 해당 화장품 원료 등에 대하여 국내외의 연구·검사기관에서 이미 위해평가를 실시하였거나 위해요소에 대한 과학적 시험·분석 자료가 있는 경우에는 그 자료를 근거로 위해 여부를 결정할 수 있다. 〈개정 2013. 3. 23.〉

③ 제1항 및 제2항에 따른 위해평가의 기준, 방법 등에 관한 세부 사항은 식품의약품안전처장이 정하여 고시한다. 〈개정 2013. 3. 23.〉

제17조의2(지정·고시된 원료의 사용기준의 안전성 검토) ① 법 제8조제5항에 따른 지정·고시된 원료의 사용기준의 안전성 검토 주기는 5년으로 한다.

② 식품의약품안전처장은 법 제8조제5항에 따라 지정·고시된 원료의 사용기준의 안전성을 검토할 때에는 사전에 안전성 검토 대상을 선정하여 실시해야 한다.

[본조신설 2019. 3. 14.]

제17조의3(원료의 사용기준 지정 및 변경 신청 등) ① 법 제8조제6항에 따라 화장품제조업자, 화장품책임판매업자 또는 연구기관등은 법 제8조제2항에 따라 지정·고시되지 않은 원료의 사용기준을 지정·고시하거나 지정·고시된 원료의 사용기준을 변경해 줄 것을 신청하려는 경우에는 별지 제13호의2서식의 원료 사용기준 지정(변경지정) 신청서(전자문서로 된 신청서를 포함한다)에 다음 각 호의 서류(전자문서를 포함한다)를 첨부하여 식품의약품안전처장에게 제출해야 한다.

1. 제출자료 전체의 요약본
2. 원료의 기원, 개발 경위, 국내 · 외 사용기준 및 사용현황 등에 관한 자료
3. 원료의 특성에 관한 자료
4. 안전성 및 유효성에 관한 자료(유효성에 관한 자료는 해당하는 경우에만 제출한다)
5. 원료의 기준 및 시험방법에 관한 시험성적서

② 식품의약품안전처장은 제1항에 따라 제출된 자료가 적합하지 않은 경우 그 내용을 구체적으로 명시하여 신청인에게 보완을 요청할 수 있다. 이 경우 신청인은 보완일부터 60일 이내에 추가 자료를 제출하거나 보완 제출기한의 연장을 요청할 수 있다.

③ 식품의약품안전처장은 신청인이 제1항의 자료를 제출한 날(제2항에 따라 자료가 보완 요청된 경우 신청인이 보완된 자료를 제출한 날)부터 180일 이내에 신청인에게 별지 제13호의3서식의 원료 사용기준 지정(변경지정) 심사 결과통지서를 보내야 한다.

④ 제1항부터 제3항까지에서 규정한 사항 외에 원료의 사용기준 지정신청 및 변경지정신청에 필요한 세부절차와 방법 등은 식품의약품안전처장이 정한다.

[본조신설 2019. 3. 14.]

제18조(안전용기 · 포장 대상 품목 및 기준) ① 법 제9조제1항에 따른 안전용기 · 포장을 사용해야 하는 품목은 다음 각 호와 같다. 다만, 일회용 제품, 용기

입구 부분이 펌프 또는 방아쇠로 작동되는 분무용기 제품, 압축 분무용기 제품(에어로졸 제품 등)은 제외한다. 〈개정 2021. 9. 10.〉

1. 아세톤을 함유하는 네일 에나멜 리무버 및 네일 폴리시 리무버
2. 어린이용 오일 등 개별포장 당 탄화수소류를 10퍼센트 이상 함유하고 운동점도가 21센티스톡스(섭씨 40도 기준) 이하인 에멀션 형태가 아닌 액체상태의 제품
3. 개별포장당 메틸 살리실레이트를 5퍼센트 이상 함유하는 액체상태의 제품

② 제1항에 따른 안전용기 · 포장은 성인이 개봉하기는 어렵지 아니하나 5세 미만의 어린이가 개봉하기는 어렵게 된 것이어야 한다. 이 경우 개봉하기 어려운 정도의 구체적인 기준 및 시험방법은 산업통상자원부장관이 정하여 고시하는 바에 따른다. 〈개정 2013. 3. 23., 2024. 7. 9.〉

제19조(화장품 포장의 기재 · 표시 등) ① 법 제10조제1항 단서에 따라 다음 각 호에 해당하는 1차 포장 또는 2차 포장에는 화장품의 명칭, 화장품책임판매업자 또는 맞춤형화장품판매업자의 상호, 가격, 제조번호와 사용기한 또는 개봉 후 사용기간(개봉 후 사용기간을 기재할 경우에는 제조연월일을 병행 표기하여야 한다)만을 기재 · 표시할 수 있다. 다만, 제2호의 포장의 경우 가격이란 견본품이나 비매품 등의 표시를 말한다. 〈개정 2016. 9. 9., 2019. 3. 14., 2020. 3. 13.〉

1. 내용량이 10밀리리터 이하 또는 10그램 이하인 화장품의 포장
2. 판매의 목적이 아닌 제품의 선택 등을 위하여 미리 소비자가 시험 · 사

용하도록 제조 또는 수입된 화장품의 포장

② 법 제10조제1항제3호에 따라 기재 · 표시를 생략할 수 있는 성분이란 다음 각 호의 성분을 말한다. 〈개정 2013. 3. 23., 2020. 3. 13.〉

1. 제조과정 중에 제거되어 최종 제품에는 남아 있지 않은 성분
2. 안정화제, 보존제 등 원료 자체에 들어 있는 부수 성분으로서 그 효과가 나타나게 하는 양보다 적은 양이 들어 있는 성분
3. 내용량이 10밀리리터 초과 50밀리리터 이하 또는 중량이 10그램 초과 50그램 이하 화장품의 포장인 경우에는 다음 각 목의 성분을 제외한 성분

가. 타르색소

나. 금박

다. 샴푸와 린스에 들어 있는 인산염의 종류

라. 과일산(AHA)

마. 기능성화장품의 경우 그 효능 · 효과가 나타나게 하는 원료

바. 식품의약품안전처장이 사용 한도를 고시한 화장품의 원료

③ 법 제10조제1항제9호에 따라 화장품의 포장에 기재 · 표시하여야 하는 사용할 때의 주의사항은 별표 3과 같다.

④ 법 제10조제1항제10호에 따라 화장품의 포장에 기재 · 표시하여야 하는 사항은 다음 각 호와 같다. 다만, 맞춤형화장품의 경우에는 제1호 및 제6호를 제외한다. 〈개정 2013. 3. 23., 2017. 11. 17., 2018. 12. 31., 2019. 3. 14., 2020. 1. 22., 2020. 3. 13., 2022. 2. 18., 2024. 7. 9.〉

1. 식품의약품안전처장이 정하는 바코드
2. 기능성화장품의 경우 심사받거나 보고한 효능 · 효과, 용법 · 용량
3. 성분명을 제품 명칭의 일부로 사용한 경우 그 성분명과 함량(방향용 제품은 제외한다)
4. 인체 세포 · 조직 배양액이 들어있는 경우 그 함량
5. 화장품에 천연 또는 유기농으로 표시 · 광고하려는 경우에는 원료의 함량
6. 수입화장품인 경우에는 제조국의 명칭(「대외무역법」에 따른 원산지를 표시한 경우에는 제조국의 명칭을 생략할 수 있다), 제조회사명 및 그 소재지
7. 제2조제8호부터 제11호까지에 해당하는 기능성화장품의 경우에는 "질병의 예방 및 치료를 위한 의약품이 아님"이라는 문구
8. 영유아 또는 어린이가 사용할 수 있는 제품임을 특정하여 표시 · 광고하려는 경우 법 제8조제2항에 따라 사용기준이 지정 · 고시된 원료 중 보존제의 함량

   가. 삭제 〈2024. 7. 9.〉

   나. 삭제 〈2024. 7. 9.〉

⑤ 제1항 및 제2항제3호에 따라 해당 화장품의 제조에 사용된 성분의 기재 · 표시를 생략하려는 경우에는 다음 각 호의 어느 하나에 해당하는 방법으로 생략된 성분을 확인할 수 있도록 하여야 한다.

1. 소비자가 법 제10조제1항제3호에 따른 모든 성분을 즉시 확인할 수 있

도록 포장에 전화번호나 홈페이지 주소를 적을 것

2. 법 제10조제1항제3호에 따른 모든 성분이 적힌 책자 등의 인쇄물을 판매업소에 늘 갖추어 둘 것

⑥ 법 제10조제2항 각 호 외의 부분 단서에서 "고형비누 등 총리령으로 정하는 화장품"이란 화장비누를 말한다. 〈신설 2022. 2. 18.〉

⑦ 법 제10조제4항에 따른 화장품 포장의 표시기준 및 표시방법은 별표 4와 같다. 〈개정 2022. 2. 18.〉

제19조(화장품 포장의 기재 · 표시 등) ① 법 제10조제1항 단서에 따라 다음 각 호에 해당하는 1차 포장 또는 2차 포장에는 화장품의 명칭, 화장품책임판매업자 또는 맞춤형화장품판매업자의 상호, 가격, 제조번호와 사용기한 또는 개봉 후 사용기간(개봉 후 사용기간을 기재할 경우에는 제조연월일을 병행 표기하여야 한다)만을 기재 · 표시할 수 있다. 다만, 제2호의 포장의 경우 가격이란 견본품이나 비매품 등의 표시를 말한다. 〈개정 2016. 9. 9., 2019. 3. 14., 2020. 3. 13., 2024. 7. 9.〉

1. 내용량이 10밀리리터 이하 또는 10그램 이하인 화장품(소비자가 사용할 때 특별한 주의가 필요하다고 식품의약품안전처장이 정하여 고시하는 화장품은 제외한다)의 포장
2. 판매의 목적이 아닌 제품의 선택 등을 위하여 미리 소비자가 시험 · 사용하도록 제조 또는 수입된 화장품의 포장

② 법 제10조제1항제3호에 따라 기재 · 표시를 생략할 수 있는 성분이란 다음 각 호의 성분을 말한다. 〈개정 2013. 3. 23., 2020. 3. 13., 2024.

7. 9.〉

1. 제조과정 중에 제거되어 최종 제품에는 남아 있지 않은 성분

2. 안정화제, 보존제 등 원료 자체에 들어 있는 부수 성분으로서 그 효과가 나타나게 하는 양보다 적은 양이 들어 있는 성분

3. 내용량이 10밀리리터 초과 50밀리리터 이하 또는 중량이 10그램 초과 50그램 이하 화장품(소비자가 사용할 때 특별한 주의가 필요하다고 식품의약품안전처장이 정하여 고시하는 화장품은 제외한다)의 포장인 경우에는 다음 각 목의 성분을 제외한 성분

가. 타르색소

나. 금박

다. 샴푸와 린스에 들어 있는 인산염의 종류

라. 과일산(AHA)

마. 기능성화장품의 경우 그 효능 · 효과가 나타나게 하는 원료

바. 식품의약품안전처장이 사용 한도를 고시한 화장품의 원료

③ 법 제10조제1항제9호에 따라 화장품의 포장에 기재 · 표시하여야 하는 사용할 때의 주의사항은 별표 3과 같다.

④ 법 제10조제1항제10호에 따라 화장품의 포장에 기재 · 표시하여야 하는 사항은 다음 각 호와 같다. 다만, 맞춤형화장품의 경우에는 제1호 및 제6호를 제외한다. 〈개정 2013. 3. 23., 2017. 11. 17., 2018. 12. 31., 2019. 3. 14., 2020. 1. 22., 2020. 3. 13., 2022. 2. 18., 2024. 7. 9.〉

1. 식품의약품안전처장이 정하는 바코드

2. 기능성화장품의 경우 심사받거나 보고한 효능 · 효과, 용법 · 용량
3. 성분명을 제품 명칭의 일부로 사용한 경우 그 성분명과 함량(방향용 제품은 제외한다)
4. 인체 세포 · 조직 배양액이 들어있는 경우 그 함량
5. 화장품에 천연 또는 유기농으로 표시 · 광고하려는 경우에는 원료의 함량
6. 수입화장품인 경우에는 제조국의 명칭(「대외무역법」에 따른 원산지를 표시한 경우에는 제조국의 명칭을 생략할 수 있다), 제조회사명 및 그 소재지
7. 제2조제8호부터 제11호까지에 해당하는 기능성화장품의 경우에는 "질병의 예방 및 치료를 위한 의약품이 아님"이라는 문구
8. 영유아 또는 어린이가 사용할 수 있는 제품임을 특정하여 표시 · 광고하려는 경우 법 제8조제2항에 따라 사용기준이 지정 · 고시된 원료 중 보존제의 함량

   가. 삭제 〈2024. 7. 9.〉

   나. 삭제 〈2024. 7. 9.〉

⑤ 제1항 및 제2항제3호에 따라 해당 화장품의 제조에 사용된 성분의 기재 · 표시를 생략하려는 경우에는 다음 각 호의 어느 하나에 해당하는 방법으로 생략된 성분을 확인할 수 있도록 하여야 한다.

1. 소비자가 법 제10조제1항제3호에 따른 모든 성분을 즉시 확인할 수 있도록 포장에 전화번호나 홈페이지 주소를 적을 것

2. 법 제10조제1항제3호에 따른 모든 성분이 적힌 책자 등의 인쇄물을 판매업소에 늘 갖추어 둘 것

⑥ 법 제10조제2항 각 호 외의 부분 단서에서 "고형비누 등 총리령으로 정하는 화장품"이란 화장비누를 말한다. 〈신설 2022. 2. 18.〉

⑦ 법 제10조제4항에 따른 화장품 포장의 표시기준 및 표시방법은 별표 4와 같다. 〈개정 2022. 2. 18.〉

[시행일: 2025. 7. 10.] 제19조제1항제1호, 제19조제2항제3호

제20조(화장품 가격의 표시) 법 제11조제1항에 따라 해당 화장품을 소비자에게 직접 판매하는 자(이하 "판매자"라 한다)는 그 제품의 포장에 판매하려는 가격을 일반 소비자가 알기 쉽도록 표시하되, 그 세부적인 표시방법은 식품의약품안전처장이 정하여 고시한다. 〈개정 2013. 3. 23.〉

제21조(기재 · 표시상의 주의사항) 법 제12조에 따른 화장품 포장의 기재 · 표시 및 화장품의 가격표시상의 준수사항은 다음 각 호와 같다.

1. 한글로 읽기 쉽도록 기재 · 표시할 것. 다만, 한자 또는 외국어를 함께 적을 수 있고, 수출용 제품 등의 경우에는 그 수출 대상국의 언어로 적을 수 있다.
2. 화장품의 성분을 표시하는 경우에는 표준화된 일반명을 사용할 것

제22조(표시 · 광고의 범위 등) 법 제13조제2항에 따른 표시 · 광고의 범위와 그 밖에 준수하여야 하는 사항은 별표 5와 같다.

제23조(표시 · 광고 실증의 대상 등) ①법 제14조제1항에 따른 표시 · 광고 실증의 대상은 화장품의 포장 또는 별표 5 제1호에 따른 화장품 광고의 매체

또는 수단에 의한 표시 · 광고 중 사실과 다르게 소비자를 속이거나 소비자가 잘못 인식하게 할 우려가 있어 식품의약품안전처장이 실증이 필요하다고 인정하는 표시 · 광고로 한다. 〈개정 2013. 3. 23.〉

② 법 제14조제3항에 따라 영업자 또는 판매자가 제출하여야 하는 실증자료의 범위 및 요건은 다음 각 호와 같다. 〈개정 2019. 3. 14., 2020. 3. 13.〉

1. 시험결과: 인체 적용시험 자료, 인체 외 시험 자료 또는 같은 수준 이상의 조사자료일 것
2. 조사결과: 표본설정, 질문사항, 질문방법이 그 조사의 목적이나 통계상의 방법과 일치할 것
3. 실증방법: 실증에 사용되는 시험 또는 조사의 방법은 학술적으로 널리 알려져 있거나 관련 산업 분야에서 일반적으로 인정된 방법 등으로서 과학적이고 객관적인 방법일 것

③ 법 제14조제3항에 따라 영업자 또는 판매자가 실증자료를 제출할 때에는 다음 각 호의 사항을 적고, 이를 증명할 수 있는 자료를 첨부해 식품의약품안전처장에게 제출해야 한다. 〈개정 2020. 3. 13.〉

1. 실증방법
2. 시험 · 조사기관의 명칭 및 대표자의 성명 · 주소 · 전화번호
3. 실증내용 및 실증결과
4. 실증자료 중 영업상 비밀에 해당되어 공개를 원하지 않는 경우에는 그 내용 및 사유

④ 제1항부터 제3항까지에서 규정한 사항 외에 표시 · 광고 실증에 필요한 사항은 식품의약품안전처장이 정하여 고시한다. 〈개정 2013. 3. 23.〉

제23조의2(천연화장품 및 유기농화장품의 인증 등) ① 법 제14조의2제1항에 따라 천연화장품 또는 유기농화장품으로 인증을 받으려는 화장품제조업자, 화장품책임판매업자 또는 연구기관등은 법 제14조의2제4항에 따라 지정받은 인증기관(이하 "인증기관"이라 한다)에 식품의약품안전처장이 정하여 고시하는 서류를 갖추어 인증을 신청해야 한다.

② 인증기관은 제1항에 따른 신청을 받은 경우 천연화장품 또는 유기농화장품의 인증기준에 적합한지 여부를 심사를 한 후 그 결과를 신청인에게 통지해야 한다.

③ 제1항에 따라 천연화장품 또는 유기농화장품의 인증을 받은 자(이하 "인증사업자"라 한다)는 다음 각 호의 사항이 변경된 경우 식품의약품안전처장이 정하여 고시하는 바에 따라 그 인증을 한 인증기관에 보고를 해야 한다.

1. 인증제품 명칭의 변경
2. 인증제품을 판매하는 책임판매업자의 변경

④ 법 제14조의3제2항에 따라 인증사업자가 인증의 유효기간을 연장받으려는 경우에는 유효기간 만료 90일 전까지 그 인증을 한 인증기관에 식품의약품안전처장이 정하여 고시하는 서류를 갖추어 제출해야 한다. 다만, 그 인증을 한 인증기관이 폐업, 업무정지 또는 그 밖의 부득이한 사유로 연장신청이 불가능한 경우에는 다른 인증기관에 신청할 수 있

다.

⑤ 법 제14조의4제1항에서 "총리령으로 정하는 인증표시"란 별표 5의2의 표시를 말한다.

⑥ 인증기관의 장은 식품의약품안전처장의 승인을 받아 결정한 수수료를 신청인으로부터 받을 수 있다.

⑦ 제1항부터 제6항까지 규정한 사항 외에 인증신청 및 변경보고, 유효기간 연장신청 등 인증의 세부 절차와 방법 등은 식품의약품안전처장이 정하여 고시한다.

[본조신설 2019. 3. 14.]

제23조의3(천연화장품 및 유기농화장품의 인증기관의 지정 등) ① 법 제14조의2제4항에 따른 인증기관의 지정기준은 별표 5의3과 같다.

② 천연화장품 또는 유기농화장품의 인증기관으로 지정받으려는 자는 식품의약품안전처장이 정하여 고시하는 서류를 갖추어 인증기관의 지정을 신청해야 한다.

③ 식품의약품안전처장은 제1항에 따른 지정기준에 적합하여 인증기관을 지정하는 경우에는 신청인에게 인증기관 지정서를 발급해야 한다.

④ 제3항에 따라 지정된 인증기관은 다음 각 호의 사항이 변경된 경우에는 변경 사유가 발생한 날부터 30일 이내에 식품의약품안전처장이 정하여 고시하는 서류를 갖추어 변경신청을 해야 한다.

1. 인증기관의 대표자
2. 인증기관의 명칭 및 소재지

3. 인증업무의 범위

⑤ 인증기관은 업무를 적절하게 수행하기 위하여 다음 각 호의 사항을 준수해야 한다.

1. 인증신청, 인증심사 및 인증사업자에 관한 자료를 법 제14조의3제1항에 따른 인증의 유효기간이 끝난 후 2년 동안 보관할 것

2. 식품의약품안전처장의 요청이 있는 경우에는 인증기관의 사무소 및 시설에 대한 접근을 허용하거나 필요한 정보 및 자료를 제공할 것

⑥ 법 제14조의5제3항에 따른 인증기관에 대한 행정처분의 기준은 별표 5의4와 같다.

⑦ 제1항부터 제6항까지에서 규정한 사항 외에 인증기관의 지정 절차 및 준수사항 등 인증기관 운영에 필요한 세부 절차와 방법 등은 식품의약품안전처장이 정하여 고시한다.

[본조신설 2019. 3. 14.]

제24조(관계 공무원의 자격 등) ① 법 제18조제1항에 따른 화장품 검사 등에 관한 업무를 수행하는 공무원(이하 "화장품감시공무원"이라 한다)은 다음 각 호의 어느 하나에 해당하는 사람 중에서 지방식품의약품안전청장이 임명하는 사람으로 한다. 〈개정 2020. 3. 13.〉

1. 「고등교육법」 제2조에 따른 학교에서 약학 또는 화장품 관련 분야의 학사학위 이상을 취득한 사람(법령에서 이와 같은 수준 이상의 학력이 있다고 인정한 사람을 포함한다)

2. 화장품에 관한 지식 및 경력이 풍부하다고 지방식품의약품안전청장이

인정하거나 특별시장 · 광역시장 · 특별자치시장 · 도지사 · 특별자치도지사 또는 시장 · 군수 · 구청장(자치구의 구청장을 말한다)이 추천한 사람

② 법 제18조제4항에 따른 화장품감시공무원의 신분을 증명하는 증표는 별지 제14호서식에 따른다.

제25조(수거 등) 법 제18조제2항에 따라 화장품감시공무원이 물품 또는 화장품을 수거하는 경우에는 별지 제15호서식의 수거증을 피수거인에게 발급하여야 한다.

제26조(화장품 판매 모니터링) 식품의약품안전처장은 법 제18조제3항에 따라 법 제17조에 따른 단체 또는 관련 업무를 수행하는 기관 등을 지정하여 화장품의 판매, 표시 · 광고, 품질 등에 대하여 모니터링하게 할 수 있다. 〈개정 2013. 3. 23.〉

제26조의2(소비자화장품안전관리감시원의 자격 등) ① 법 제18조의2조제1항에 따라 소비자화장품안전관리감시원(이하 "소비자화장품감시원"이라 한다)으로 위촉될 수 있는 사람은 다음 각 호의 어느 하나에 해당하는 사람으로 한다.

1. 법 제17조에 따라 설립된 단체의 임직원 중 해당 단체의 장이 추천한 사람
2. 「소비자기본법」 제29조제1항에 따라 등록한 소비자단체의 임직원 중 해당 단체의 장이 추천한 사람
3. 제8조제1항 각 호의 어느 하나에 해당하는 사람

4. 식품의약품안전처장이 정하여 고시하는 교육과정을 마친 사람

② 소비자화장품감시원의 임기는 2년으로 하되, 연임할 수 있다.

③ 법 제18조의2제2항제3호에서 "총리령으로 정하는 사항"이란 다음 각 호의 사항을 말한다.

1. 법 제23조에 따른 관계 공무원의 물품 회수 · 폐기 등의 업무 지원
2. 제29조에 따른 행정처분의 이행 여부 확인 등의 업무 지원
3. 화장품의 안전사용과 관련된 홍보 등의 업무

④ 법 제18조의2제3항에 따라 식품의약품안전처장 또는 지방식품의약품안전청장은 소비자화장품감시원에 대하여 반기(半期)마다 화장품 관계 법령 및 위해화장품 식별 등에 관한 교육을 실시하고, 소비자화장품감시원이 직무를 수행하기 전에 그 직무에 관한 교육을 실시하여야 한다.

⑤ 식품의약품안전처장 또는 지방식품의약품안전청장은 소비자화장품감시원의 활동을 지원하기 위하여 예산의 범위에서 수당 등을 지급할 수 있다.

⑥ 제1항부터 제5항까지에서 규정한 사항 외에 소비자화장품감시원의 운영에 필요한 사항은 식품의약품안전처장이 정하여 고시한다.

[본조신설 2019. 3. 14.]

제27조(회수 · 폐기명령 등) 법 제23조제1항부터 제3항까지의 규정에 따른 물품 회수에 필요한 위해성 등급 및 그 분류기준과 물품 회수 · 폐기의 절차 · 계획 및 사후조치 등에 관하여는 제14조의2제2항 및 제14조의3을 준용한다. 〈개정 2019. 12. 12.〉

[본조신설 2015. 7. 29.]

제28조(위해화장품의 공표) ① 법 제23조의2제1항에 따라 공표명령을 받은 영업자는 지체 없이 위해 발생사실 또는 다음 각 호의 사항을 「신문 등의 진흥에 관한 법률」 제9조제1항에 따라 등록한 전국을 보급지역으로 하는 1개 이상의 일반일간신문[당일 인쇄 · 보급되는 해당 신문의 전체 판(版)을 말한다] 및 해당 영업자의 인터넷 홈페이지에 게재하고, 식품의약품안전처의 인터넷 홈페이지에 게재를 요청하여야 한다. 다만, 제14조의2제2항제3호에 따른 위해성 등급이 다등급인 화장품의 경우에는 해당 일반일간신문에의 게재를 생략할 수 있다. 〈개정 2019. 12. 12.〉

1. 화장품을 회수한다는 내용의 표제
2. 제품명
3. 회수대상화장품의 제조번호
4. 사용기한 또는 개봉 후 사용기간(병행 표기된 제조연월일을 포함한다)
5. 회수 사유
6. 회수 방법
7. 회수하는 영업자의 명칭
8. 회수하는 영업자의 전화번호, 주소, 그 밖에 회수에 필요한 사항

② 제1항 각 호의 사항에 대한 구체적인 작성방법은 별표 6과 같다.

③ 제1항에 따라 공표를 한 영업자는 다음 각 호의 사항이 포함된 공표 결과를 지체 없이 지방식품의약품안전청장에게 통보하여야 한다.

1. 공표일

2. 공표매체

3. 공표횟수

4. 공표문 사본 또는 내용

[본조신설 2015. 7. 29.]

제29조(행정처분기준) ① 법 제24조제1항에 따른 행정처분의 기준은 별표 7과 같다.

② 삭제 〈2014. 8. 20.〉

제30조(과징금의 징수절차) 「화장품법 시행령」 제12조제1항에 따른 과징금의 징수절차는 「국고금관리법 시행규칙」을 준용한다. 이 경우 납입고지서에는 이의제기 방법 및 기간을 함께 적어 넣어야 한다.

제31조(등록필증 등의 재발급 등) ① 법 제31조에 따라 화장품제조업 등록필증, 화장품책임판매업 등록필증, 맞춤형화장품판매업 신고필증 또는 기능성화장품심사결과통지서(이하 "등록필증등"이라 한다)를 재발급받으려는 자는 별지 제18호서식 또는 별지 제19호서식의 재발급신청서(전자문서로 된 신청서를 포함한다)에 다음 각 호의 서류(전자문서를 포함한다)를 첨부하여 각각 지방식품의약품안전청장 또는 식품의약품안전평가원장에게 제출하여야 한다. 〈개정 2013. 3. 23., 2017. 7. 31., 2019. 3. 14., 2020. 3. 13.〉

1. 등록필증등이 오염, 훼손 등으로 못쓰게 된 경우 그 등록필증등

2. 등록필증등을 잃어버린 경우에는 그 사유서

② 등록필증등을 재발급 받은 후 잃어버린 등록필증등을 찾았을 때에는 지체 없이 이를 해당 발급기관의 장에게 반납하여야 한다.

③ 법 제3조 및 제3조의2에 따른 영업자의 등록 또는 신고 등의 확인 또는 증명을 받으려는 자는 확인신청서 또는 증명신청서(각각 전자문서로 된 신청서를 포함하며, 외국어의 경우에는 번역문을 포함한다)를 식품의약품안전처장 또는 지방식품의약품안전청장에게 제출하여야 한다. 〈개정 2013. 3. 23., 2019. 3. 14., 2020. 3. 13.〉

제32조(수수료) ① 법 제32조제1항 본문에 따른 수수료의 금액은 별표 9와 같다. 〈개정 2022. 2. 18.〉

② 제1항에 따른 수수료는 현금, 현금의 납입을 증명하는 증표 또는 정보통신망을 이용한 전자화폐나 전자결제 등의 방법으로 내야 한다.

[전문개정 2020. 3. 13.]

제33조(규제의 재검토) 식품의약품안전처장은 다음 각 호의 사항에 대하여 다음 각 호의 기준일을 기준으로 3년마다(매 3년이 되는 해의 기준일과 같은 날 전까지를 말한다) 그 타당성을 검토하여 개선 등의 조치를 하여야 한다. 〈개정 2019. 3. 14., 2020. 3. 13., 2022. 2. 18.〉

1. 제3조에 따른 화장품 제조업의 등록: 2014년 1월 1일
2. 제4조에 따른 화장품책임판매업의 등록: 2019년 3월 14일
3. 삭제 〈2023. 6. 22.〉
4. 제8조의2 및 제8조의3에 따른 맞춤형화장품판매업의 신고 및 변경 신고: 2020년 3월 14일
5. 제29조제1항 및 별표 7에 따른 행정처분의 기준: 2022년 7월 1일

[본조신설 2014. 4. 1.]

부칙 〈제1970호, 2024. 7. 9.〉

이 규칙은 공포한 날부터 시행한다. 다만, 제19조제1항제1호 및 같은 조 제2항제3호의 개정규정은 공포 후 1년이 경과한 날부터 시행한다.

참고문헌

- 고혜정, 화장품학, 정문각, 2002.
- 곽형심 외 2인, Art of wave, 청구문화사, 2009.
- 김경영 외 7인, 화장품학, 메디시언, 2020.
- 김미선 외 7인, The hair coloring, 예림, 2002.
- 김보경, 베이직 컬러, 훈민사, 2004.
- 김연주 외 9인, 화장품과학, 청구문화사, 2013.
- 윤경섭, 화장품학, 구민사, 2021.
- 이원경, 모발미용학, 청구문화사, 1998.
- 이지안 외 2인, 미용인을 위한 화장품학, 구민사, 2023.
- 이향우 외 1인, 피부과학, 광문각, 2003.
- 이혜영 외 1인, 피부과학, 군자출판사, 2003.
- 조미영, 퍼머넌트웨이브 디자인, 훈민사, 2002.
- 조완구 외 2인, 현대화장품학, 한국학술정보(주), 2007.
- 진종언 외 7인, 화장품학, 정담미디어, 2006.
- 최경임 외 5인, 화장품학, 광문각, 2006.
- 하병조, 기능성화장품학, 신광출판사, 2002.
- 현경화 외 2인, 화장품학, 구민사, 2023.
- 황혜주 외 3인, 맞춤형화장품조제관리사, 한수, 2020.

- Draelos, Z. D. *Cosmetic Dermatology: Products and Procedures.* Wiley–Blackwell. 2015.
- Mindy Green, Kathi Keville, *Aromatherapy : A Complete Guide to the Healing Art*, Crossing Press, 1995.
- Poucher, W.A., *Perfumes, Cosmetics and Soaps*, Springer, 1991.

- 법제처, https://www.moleg.go.kr
- 식품의약품안전처, https://www.mfds.go.kr
- OECD Chemicals and Cosmetics, https://www.oecd.org/chemicalsafety/